数学教学与思维创新的融合应用

李晓辉　李凤霞　胡　雷　著

哈尔滨出版社

HARBIN PUBLISHING HOUSE

图书在版编目（CIP）数据

数学教学与思维创新的融合应用／李晓辉，李凤霞，胡雷著. -- 哈尔滨：哈尔滨出版社，2025. 1. -- ISBN 978-7-5484-8190-4

Ⅰ. O13

中国国家版本馆 CIP 数据核字第 2024GH7320 号

书　　名：**数学教学与思维创新的融合应用**
SHUXUE JIAOXUE YU SIWEI CHUANGXIN DE RONGHE YINGYONG

作　　者：李晓辉　李凤霞　胡　雷　著

责任编辑：李金秋

出版发行：哈尔滨出版社（Harbin Publishing House）

社　　址：哈尔滨市香坊区泰山路 82-9 号　邮编：150090

经　　销：全国新华书店

印　　刷：北京鑫益晖印刷有限公司

网　　址：www. hrbcbs. com

E - mail：hrbcbs@ yeah. net

编辑版权热线：（0451）87900271　87900272

销售热线：（0451）87900202　87900203

开　　本：880mm×1230mm　1/32　印张：4. 75　字数：104 千字

版　　次：2025 年 1 月第 1 版

印　　次：2025 年 1 月第 1 次印刷

书　　号：ISBN 978-7-5484-8190-4

定　　价：58. 00 元

凡购本社图书发现印装错误，请与本社印制部联系调换。

服务热线：（0451）87900279

前　言

　　教学中的教,一是把知识或技能传给学生,教会学生用思维进行学习;二是教导和教育学生获得正确的品质。学,主要指学习或模仿。教学总是与学生、课程联系在一起,指学生在有教师的指导下学习课程知识的活动。根据教学的育人意义,教学总要在一定的活动中进行,因此教学是一种认识活动,是教师教学生获得知识和形成能力的活动,据此,人们通常把教学看成教学认识活动。

　　对教学数学、掌握数学知识的动力、工具和武器。在数学教学活动中,教师要把传授知识与数学思维能力的培养融合应用起来,既要重视知识的思维过程,又要重视学生的思维发展,使客观知识的思维与主观认识的思维达到同步和协调。为此,要改变重知识的结果,轻形成知识的思维过程,重知识的掌握,轻获得知识的认识方法的传统习惯做法。在学生合理掌握知识的前提下,获得相应需要的数学思维能力。在数学教学活动中,数学知识与数学思维是紧密联系而不可分离的。掌握一定的知识,就会获得相应的思维方法并形成相适应的思维能力;具备一定的思维能力,表明已获得了相应的思维方法,就会促进新学习的认识效果并积累更加丰富的知识,进而形成更加广泛的数学思维能力。

　　如何发展学生的思维,培养学生的思维能力? 根据认识活动的表现,人类任何认识活动都不可能离开具体的对象。在认识活动中,主体的表现总是积极的、主动的,因此会不遗余力地借助于思维的力量,寻找和唤醒原有认识图式中的知识和经验同化于客观事件的问题信息,以完成认识活动的任务。

本书一共分为五个章节,除了李晓辉、李凤霞、胡雷三名作者外,周健鸿(华南师范大学附属黄浦实验学校)、张小平(山东济南历城区洪家楼第三小学)也参与本书部分内容的写作工作,本书主要以数学教学与思维创新的融合应用为研究基点,通过本书的介绍让读者对当代高等数学发展以及应用有更加清晰的了解,进一步摸清当前数学教学与思维创新融合的发展脉络,为数学学科教育的研究提供更加广阔的用武空间。在这样的一个背景下,数学教育的理论研究仍然有许多空白需要填补,需要运用现代的先进教育理论、观念和科学方法,在已有的基础上进一步深入地开展研究工作,以适应不断发展的新形势。

目　录

第一章　数学教学与思维创新概述

第一节　数学思想方法与思维模式

一、数学思想方法

(一)化归与转换

化归与转换是数学解题中至关重要的思想方法,这一策略的核心在于,面对复杂或陌生的问题时,能够巧妙地将其转化为简单或熟悉的问题来求解。这种转化并非随意,而是基于对数学知识和问题结构的深入理解。通过化归,问题可以被简化为更容易处理的形式,使得原本棘手的问题变得迎刃而解。这种方法的精髓在于,它允许解题者跨越问题的表象,直接触及问题的本质,从而找到有效的解决方案。转换则是化归与转换思想的另一重要方面。它强调的是改变问题的表述或形式,以便更好地理解和解决它。在数学中,同一个问题往往可以有多种不同的表述方式。通过转换,我们可以将问题从一种形式转变为另一种形式,从而揭示出问题的不同侧面和内在联系。这种转变不仅有助于我们更全面地理解问题,还可能为我们提供新的解题思路和方向。化归与转换是数学解题中不可或缺的思想武器,它们使人们能够灵活地应对各种复杂和陌生的问题,通过巧妙的转化和表述改变,找到问题的突破口和解决方案。这种思想方法不仅在数学领域有着广泛的应用,还可以推广到其他学科和实际问题中去。因此,深入理解和掌握化归与转换的思想方法,对于提高学生的解题能力和思维水平具有重要意义。

(二) 有限与无限

有限与无限这两个概念在数学领域中展现出深刻的差异与独特的魅力。初等数学,作为数学学习的基石,主要聚焦于常数的研究,更多地运用了有限性的思维。它教会人们如何计算、比较有限的数值,使人在数字的海洋中找到了稳定的立足点。然而,当踏入高等数学的大门,一切都发生了翻天覆地的变化。在这里,变量成为主角,无限性则悄然登上了舞台。人们不再满足于有限的计算,而是开始探索函数、极限、无穷级数等充满无限可能性的数学对象。高等数学像是一个无尽的迷宫,引领着人们不断前行,去追寻那无限的奥秘。在这样的背景下,找出有限与无限之间的联系和区别就显得尤为重要。它们看似矛盾,实则相辅相成,共同构成了数学的宏伟殿堂。以"无限距离的和可能有限"这一问题为例,学生们可以通过无穷递缩等比数列的总和来感受这一奇妙现象。这样的序列,虽然具有无限的倍数,但其总和却是有限的。这一事实打破了人们对无限的固有认知,让人意识到无限并非总是与庞大、无边无际相联系。芝诺的悖论更是提供了一个生动的案例。他故意将有限的距离划分为无限的部分,从而创造了一种永远无法追上的错觉。这种巧妙的构思，不仅挑战了人们的直觉，也让人们更加深刻地理解了有限与无限之间的复杂关系。在数学的世界里，有限与无限相互交织，共同编织出一幅幅美丽的图景。掌握它们之间的联系与区别，无疑是探索数学奥秘的重要技能。

（三）函数与方程

函数和方程作为数学中的两大基本概念，各自承载着独特的意义与应用价值。函数这一术语描绘了一种特殊的关系，它深刻地揭示了一个变量与另一个变量之间的依赖与变化规律。在函数的世界里，每一个输入都对应着一个唯一的输出，这种明确的映射关系使得函数成为描述现实世界变化规律的强大工具。无论是线性函数、二次函数还是更为复杂的指数函数、对数函数，它们都以各自独特的方式，展现着变量之间的相互作用与依赖。而方程则是数学中用于表示两个或多个量之间相等关系的数学表达式。它像是一座桥梁，连接着已知与未知，使得我们可以通过一定的数学操作，找到那些隐藏在等式背后的未知数。方程的应用广泛而深入，从简单的线性方程到复杂的非线性方程，从代数方程到微分方程，它们都在各自的领域内发挥着不可替代的作用。

在数学的研究与应用中，函数与方程常常携手并进，共同解决问题，需要利用函数来描述和模拟现实世界中的变化规律，同时也需要借助方程来求解未知数，研究函数的性质。例如，在研究函数的极值问题时，我们往往会通过求导得到导函数，然后令导函数等于零，解出对应的方程，从而找到函数的极值点。这一过程不仅体现了函数与方程的紧密联系，也展示了它们在解决实际问题中的强大威力。因此,深入理解和掌握函数与方程的概念及其性质,对于提高我们的数学素养和解决问题的能力具有重要意义。

(四)数形结合

数形结合的核心价值在于将数与形这两个看似独立实则相辅相成的概念紧密结合在一起。这种方法论倡导利用图形的直观性,作为辅助工具,去深入理解和剖析那些可能显得抽象或复杂的数学概念及问题。在数学的研究与实践中,数形结合的思想发挥着不可替代的作用。具体而言,数形结合的方法能够助力我们跨越纯粹符号与逻辑的界限,通过几何图形的具体展示,来直观地把握代数概念的内在逻辑与结构。例如,在解析几何中,常通过绘制函数图像,来直观地观察和分析函数的增减性、极值点、拐点等性质,这无疑比单纯的代数运算更为直观且易于理解。同样,在处理一些抽象的代数问题时,如果能够巧妙地构造出相应的几何模型,往往能够化繁为简,使问题迎刃而解。

此外,数形结合的思想还在数学的多个分支中展现出其强大的应用潜力。在微积分学中,通过绘制曲线图形来理解函数的导数、积分等概念,使得原本抽象的定义变得生动具体;在解析数论中,利用复平面上的图形来研究整数的分布规律,为这一领域的探索开辟了新的视角。数形结合不仅是一种有效的数学解题方法,更是一种深刻的数学思维模式。它鼓励我们跨越不同数学领域之间的界限,通过形与数的相互转化与融合,去揭示数学世界的内在美与和谐。

（五）分类与整合

分类与整合作为数学领域中两种相辅相成的思想方法，对于深化问题理解和寻求解决方案具有不可估量的价值。分类，本质上是一种将复杂问题简化的策略，它要求依据特定的标准或特征，将研究对象进行有序划分。这一过程不仅有助于清晰地界定问题的不同面向，还极大便利了后续的深入分析和处理。在数学实践中，面对纷繁复杂的问题情境，通过合理的分类，我们能够有效地识别出问题的关键要素，进而为问题的解决奠定坚实的基础。而整合，则是在分类基础上的进一步提升与综合。它将经过分类处理后的各个部分或情况，通过逻辑上的联结或数学上的运算，组合成一个更为完整、系统的整体认识。整合的过程，实质上是一个知识重构与认知升华的过程，它促使我们超越局部，把握全局，从而形成对问题更全面、更深入的理解。在数学问题的解决过程中，整合往往扮演着至关重要的角色，它帮助我们将分散的知识点、解题技巧以及不同情况下的结论，有机地融合为一个协调一致的整体，最终导向问题的圆满解决。

（六）特殊与一般

特殊与一般深刻地影响着人们对客观事物的理解，与其他科学概念相似，数学也遵循着实践到认识，再到实践的认识过程。然而，数学对象的特殊性和抽象性，赋予了它独特的认知方法和理论形式，这些方法和形式在数学认识论中引发了一系列独特的问题。"一般"在数学认识中，代表着一种普遍性的追求。与其他学科一样,数学也遵循着从感性具体到理性抽象,再到理性具体的辩证认识过程。这一过程体现了数学在追求普遍规律的同时,也注重理论与实践的相互验证和深化。而"特殊"则凸显了数学知识的独特性。数学研究的是事物的量的规定性,而非质的规定性。这使得数学在研究对象上与其他学科产生了显著的区别。数量在事物中是抽象的、不可见的,它只能通过我们的思维来掌握。而思维,作为人类认识世界的重要工具,其自身也遵循着一定的逻辑规律。因此,数学对象的这种特性,决定了数学理解方法的特殊性。特殊与一般作为数学思想方法的重要组成部分,不仅体现了数学认识的普遍性和独特性,也揭示了数学与其他学科在认识过程中的共性与差异。正是这种共性与差异的存在,使得数学在探索客观世界的过程中,能够以一种独特的方式,为我们提供深刻而准确的洞见。

(七)必然与或然

必然与或然在数学的逻辑构建与问题解决中扮演着举足轻重的角色,必然这一概念指向的是在特定条件满足时,某一结果确定无疑会发生的情况。它体现了一种逻辑上的确定性和无可争议性,为数学推理提供了坚实的基础。在数学定理的证明、公式的推导等活动中,必然性的判断是确保结论正确无误的关键。而或然,则涵盖了更多可能性的空间。它描述的是在给定条件下,某一事件既有可能发生,也有可能不发生的状态。或然性引入了概率与随机性的概念,使得数学能够处理更加复杂多变、充满不确定性的现实问题。在统计学、概率论等领域,对或然性的深入探索帮助我们理解和预测随机事件,为决策制定提供了科学依据。理解必然与或然的关系,是解锁数学深层次奥秘的重要途径。它要求我们不仅掌握严密的逻辑推理,以确认必然性的存在,还需发展出一套处理不确定性的工具和方法,以应对或然性带来的挑战。在数学问题的求解过程中,经常需要综合运用这两种思考方式:一方面,利用必然性的规律简化问题,缩小解的范围;另一方面,通过分析和计算或然性,评估不同解决方案的可能性,从而做出更加全面和准确的判断。

表 1-1　数学思想方法

数学思想方法	描述	核心价值或应用
化归与转换	将复杂或陌生的问题转化为简单或熟悉的问题来求解	简化问题,找到问题的突破口和解决方案
有限与无限	区分有限与无限的概念,并探索它们之间的联系与区别	理解数学的宏伟殿堂,掌握有限与无限的应用
函数与方程	描述变量之间的依赖与变化规律,以及表示两个或多个量之间的相等关系	利用函数描述现实世界,利用方程求解未知数和研究函数性质
数形结合	将数与形紧密结合,利用图形的直观性来理解和剖析数学概念及问题	直观理解数学概念,化繁为简,使问题迎刃而解
分类与整合	将复杂问题进行有序划分,再将各部分组合成更完整的整体认识	简化问题,形成对问题的更全面、更深入的理解

续表 1-1

数学思想方法	描述	核心价值或应用
特殊与一般	体现数学认识的普遍性和独特性,揭示数学与其他学科的共性与差异	以独特方式探索客观世界,提供深刻而准确的洞见
必然与或然	指向确定无疑会发生的情况和涵盖更多可能性的空间	为数学推理提供基础,处理复杂多变的现实问题

二、数学思维模式

(一)数学思维的含义

1. 数学思维的基本定义

数学思维是个体在面对数学问题时所展现出的独特思考方式和解决策略,它是个体数学素养的重要组成部分。这种思维方式不仅涉及对数学概念和原理的深入理解,更强调在解决实际问题时的逻辑推理和抽象概括能力。在数学思维的指引下,个体能够透过问题的表象,深入挖掘其背后的数学本质,从而更准确地把握问题的核心。为了得出精确且符合逻辑的结论,数学思维要求个体具备扎实的数学基础知识和熟练的数学技能。个体需要熟悉各种数学工具和方法,并能够根据问题的具体特点,灵活选择和应用这些工具和方法进行分析、推理和计算。在这个过程中,个体需要遵循数学的逻辑规则,确保每一步推理都有明确的依据,从而得出可靠的结论。同时,数学思维也强调抽象概括能力的培养。个体需要将具体的数学问题转化为抽象的数学模型,以便更深入地理解和解决问题。这种抽象概括的能力不仅有助于个体在数学领域的学习和研究,还能够迁移到其他领域,帮助个体更好地应对复杂多变的问题和挑战。数学思维是个体在面对数学问题时所展现出的独特思考方式和解决策略,它要求个体具备深入的理解能力、逻辑推理能力、抽象概括能力以及扎实的数学基础知识和熟练的数学技能。这种思维方式不仅对于数学学科的学习和研究具有重要意义,还能够迁移到其他领域,成为个体解决问题和应对挑战的重要工具。

2. 数学思维的核心特征

(1)逻辑性

逻辑性作为数学思维的基础,其重要性不言而喻,它要求个体在进行数学思考时,必须严格遵循推理规则,确保每一步的推理都有明确的依据,而非凭空臆断或随意猜测。这种对逻辑性的严格要求,保证了数学思维过程的严谨性和可靠性。在数学思维中,每一个结论的得出都需要经过严密的推理和证明,不能有任何的跳跃或遗漏。这种严谨的推理过程确保了数学思维的结果具有说服力和可信度,能够被他人所接受和认可。同时,逻辑性还要求个体在数学思考中保持清晰的思路,有条理地进行推理,避免出现混乱和矛盾的情况。因此,逻辑性不仅是数学思维的基础,也是保证数学思维正确性和有效性的关键所在。

（2）抽象性

抽象性作为数学思维的重要特征之一，赋予了数学思维独特的魅力和广泛的应用价值。这一特征使得数学思维能够超越具体问题的限制，不被表面的细节所束缚。它能够从纷繁复杂的现实中提炼出普遍的数学规律和模型，将具体的问题抽象化为一般性的数学表述。这种抽象概括的能力不仅在数学学科内部发挥着重要作用，更具有跨领域的应用价值。通过运用数学思维，个体可以将具体的实际问题转化为数学模型，进而利用数学方法进行分析和求解。这种转化和求解的过程不仅能够帮助个体更好地理解和解决实际问题，还能够推动不同领域的发展和进步。因此，抽象性使得数学思维成为一种强大的工具，能够在各个领域发挥重要作用，解决实际问题，推动知识的创新和发展。

（3）精确性

精确性是数学思维不可或缺的一部分，它体现了数学思维对结果准确无误的严格要求。在数学思维中，任何模糊和歧义都是不被容忍的，因为这些都可能导致结论的偏差或错误。精确性的要求确保了数学思维在实际应用中的有效性和可靠性。无论是在科学研究、工程设计还是经济分析等领域，数学思维都需要提供明确、无误的结论和解决方案。只有满足精确性的要求，数学思维才能真正发挥其作用，帮助个体准确地理解问题、分析数据、推导结论，并最终得出可靠的解决方案。因此，精确性是数学思维的核心要素之一，它保证了数学思维在实际应用中的准确性和可信度，使得个体能够依靠数学思维来解决复杂的问题，并做出明智的决策。

（4）系统性

系统性在数学思维中占据着核心地位,它充分展现了数学思维的全面性和整体性,这一特征要求个体不仅掌握单个的数学知识点,还要有能力将这些知识点整合成一个内在逻辑紧密、相互关联的整体,从而形成完整的数学认知结构。这种系统性的思维方式对于个体在数学领域的学习和应用至关重要。它使得个体能够更深入地理解数学概念、原理和方法之间的内在联系,更好地把握数学知识的整体框架和层次结构。在这种系统性的思维指导下,个体在面对复杂的数学问题时,能够迅速调动相关的数学知识,灵活运用各种数学方法,从而更有效地解决问题。因此,系统性是数学思维不可或缺的一部分,它帮助个体建立起全面、整体的数学认知结构,提升数学理解和应用能力,为解决复杂的数学问题提供有力的思维支持。

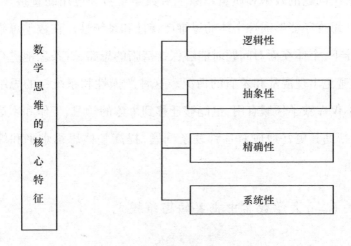

图 1-1 数学思维的核心特征

3. 数学思维的重要性与价值

作为解决数学问题的基础,数学思维是个体有效应对各种复杂挑战的关键,无论是基础的算术运算,还是高级的数学理论,都离不开数学思维的支撑。只有具备了良好的数学思维,个体才能更加深入地理解数学问题的本质,迅速找到解决问题的有效方法,从而在数学学习和应用中取得优异的成绩。同时,数学思维的培养对个体的能力提升具有深远影响。通过锻炼数学思维,个体的逻辑推理能力得以增强,能够更加严谨地分析和推断问题,避免陷入逻辑谬误或主观臆断。抽象思维能力也得到提升,使个体能够从具体的问题中提炼出普遍的规律和原理,从而更好地把握事物的本质和内在联系。此外,数学思维还有助于培养个体的问题解决能力,使其在面对各种挑战时能够迅速找到有效的解决方案,提高解决问题的效率和质量。除了对数学学习和应用的直接贡献,数学思维还能够锻炼个体的思维严谨性和系统性。在数学思维的指导下,个体在面对问题时能够保持清晰的思路,有条理地进行思考,避免出现混乱和矛盾的情况。这种严谨性和系统性的思维方式不仅在数学领域有用,也能够迁移到个体的学习、工作和生活之中,帮助其更好地应对各种复杂问题,提高整体思维水平和综合素质。

(二)大学数学中重要的思维模式

1. 逼近模式

逼近模式是大学数学中的一种核心思维模式,其精髓在于通过逐步接近目标值或解来巧妙地解决问题。在数学分析这一重要分支中,逼近模式的应用尤为关键。例如,通过极限理论,学生们可以学会如何逼近函数的真实值,即使在函数形式复杂或难以直接求解的情况下,也能通过逼近方法得到其性质的深刻洞察。同样,迭代法作为一种强大的逼近工具,在求解方程时展现出其独特的魅力。通过迭代,即使初始猜测与真实解相去甚远,也能逐步逼近并最终找到满足精度要求的解。这种思维模式不仅锻炼了学生对数学对象的深入理解和精确把握,还培养了他们在面对复杂问题时寻找近似解并逐步优化的能力。逼近模式的价值不仅仅局限于数学领域,它在工程、物理和经济学等多个领域都发挥着举足轻重的作用。工程师们利用逼近模式设计更精确的模型和算法,物理学家们通过逼近方法探索自然界的奥秘,经济学家们则运用逼近思维来预测市场趋势和优化资源配置。

2. 叠加模式

叠加模式在数学中扮演着处理复杂问题的关键角色,它是一种高效且实用的方法。该方法的核心思想在于,将原本看似棘手的问题拆解成若干个更为简单、易于管理的部分,然后对每个部分分别进行求解。这一过程中,每个子问题的解决方案都相对独立,但它们的综合却能揭示出整个复杂问题的全貌。在线性代数和微分方程等数学领域中,叠加模式的重要性尤为凸显。通过运用叠加原理,学生们能够更轻松地理解并掌握那些复杂数学结构的性质,进而将这些理论知识应用于解决实际问题的过程中。这种能力在科学研究和工程技术领域具有极高的价值,因为许多实际问题都可以被拆解成更小的子问题,而叠加模式正是解决这类问题的有力工具。无论是物理现象的模拟、工程设计的优化,还是经济模型的构建,叠加模式都展现出了其独特的魅力和广泛的应用前景。

3. 变换模式

变换模式在数学领域中是一种极具威力的工具,其核心在于通过转变数学对象的表示形式,来揭示其内在隐藏的深刻性质。在积分变换、坐标变换以及线性变换等关键数学领域中,变换模式发挥着至关重要的作用。借助变换这一手段,学生们有能力将原本复杂难解的问题,巧妙地转化为形式更为简单或是他们更为熟悉的问题,这样一来,寻找问题的解决方案就变得更为直接和容易。变换模式不仅锻炼了学生灵活处理数学问题的能力,还赋予他们在面对不同领域和多样情境时,能够自如地运用数学知识来解决问题的技能。无论是在理论物理中探索自然界的奥秘,还是在工程技术中设计复杂的系统,变换模式都展现出了其独特的价值和广泛的应用潜力。它使学生能够跨越不同数学分支的界限,发现看似不同问题之间的内在联系,从而以更加全面和深入的视角来理解和应用数学知识。因此,变换模式不仅是数学学习的重要组成部分,也是培养学生创新思维和跨学科应用能力的重要途径。

4. 映射模式

映射模式在数学中占据着基础而核心的地位,它是一种根本的思维模式,涉及将数学对象从一个集合系统地转移到另一个集合的过程。在函数论、拓扑学和代数等深奥的数学领域中,映射模式显得尤为重要,它如同一座桥梁,连接着不同的数学概念和结构。通过映射的方式,学生们能够深入理解和分析数学对象之间的复杂关系及其内在结构,这种理解是深入探索数学世界的关键。映射模式不仅锻炼了学生的抽象思维能力,还培养了他们的逻辑推理能力,使他们在面对复杂问题时,能够找到恰当的数学表示,并设计出有效的解决方案。这种思维模式在科学探索、工程技术以及经济分析等多个领域都有着广泛的应用。科学家们利用映射模式来建立数学模型,揭示自然现象的规律;工程师们则通过映射思维来设计复杂的系统,解决实际问题;经济学家们则运用映射工具来预测市场趋势,优化资源配置。映射模式的这种普遍适用性,进一步凸显了其在数学思维培养中的重要地位。

表 1-2　大学数学中重要的思维模式

思维模式	描述	应用领域	价值或技能培养
逼近模式	通过逐步接近目标值或解来解决问题	数学分析、工程、物理、经济学	锻炼深入理解和精确把握数学对象的能力,培养寻找近似解并逐步优化的能力
变换模式	转变数学对象的表示形式,揭示其内在性质	积分变换、坐标变换、线性变换、理论物理、工程技术	锻炼灵活处理数学问题的能力,培养在不同领域和多样情境下运用数学知识解决问题的技能

思维模式	描述	应用领域	价值或技能培养
映射模式	将数学对象从一个集合系统地转移到另一个集合	函数论、拓扑学、代数、科学探索、工程技术、经济分析	锻炼抽象思维能力和逻辑推理能力,培养找到恰当数学表示并设计有效解决方案的能力

第二节　大学数学教学原则和目的

一、大学数学教学的基本原则

(一)科学性与系统性原则

大学数学教学应遵循科学性与系统性原则,这是确保教学质量和效果的重要基石,这一原则要求所传授的知识必须准确无误,逻辑严谨,不容许有丝毫的谬误和含糊。为了达到这一要求,教学内容必须基于数学学科的内在规律和逻辑结构进行精心设计,注重知识的系统性和完整性。这意味着,数学教学不能仅仅是零散的知识点堆砌,而应该是一个有机整体,各个知识点之间相互联系、相互支撑,共同构成数学这门学科的宏伟体系。为了实现这一目标,教师必须深入钻研教材,准确把握数学知识的本质和内在联系。他们需要对数学知识有深入的理解和独到的见解,才能以科学的方法引导学生探索数学世界的奥秘。在教学过程中,教师应该注重知识的连贯性和递进性,引导学生逐步深入,从浅入深,从易到难,逐步掌握数学的核心概念和基本方法。同时,教学过程中还应注重培养学生的科学素养。科学素养不仅包括对数学知识的掌握和应用能力,更包括对科学思维和方法的理解和运用能力。教师应该通过数学教学,培养学生的逻辑思维能力、抽象思维能力和创新思维能力,使他们能够运用科学的思维和方法去分析和解决实际问题。这样,学生才能在未来的学习和工作中更好地应对各种挑战和变化,成为具有创新精神和实践能力的高素质人才。

(二)理论与实践相结合原则

大学数学教学应坚定不移地贯彻理论与实践相结合的原则,这一原则深刻体现了数学知识的本质特征和教学目的,即理论知识是实践活动的基石,而实践活动则是理论知识应用与检验的舞台。在教学过程中,教师肩负着将抽象的理论知识与具体实际问题紧密相连的重任,他们需巧妙地引导学生运用所学的数学知识去剖析、解决实际生活中遇到的问题,让学生在解决实际问题的过程中深刻体会到数学知识的力量和魅力。为了实现这一目标,教师不仅要精通数学理论,还要关注其在现实世界中的应用场景,能够设计或选取具有代表性和启发性的实际问题作为教学案例。通过这些案例,学生可以直观地看到数学理论是如何在具体情境中发挥作用的,从而激发他们运用数学知识解决实际问题的兴趣和动力。同时,教师应积极鼓励并创造条件让学生参与到各种实践活动中去,如数学建模竞赛、数学实验项目等。这些实践活动为学生提供了一个将理论知识转化为实际操作能力的平台,使他们在实践中不断锻炼和提升自己的实践能力、创新能力和团队协作能力。通过这些实践活动,学生可以更加深刻地理解数学知识的应用价值,也能够在实践中发现自己的不足和需要进一步提升的地方,从而更加明确自己的学习目标和方向。

(三)启发式教学原则

启发式教学原则在大学数学教学中占据着举足轻重的地位,它着重强调教师应通过引导与启发的方式,充分激发学生的学习兴趣和思维活力。这一原则要求教师在教学过程中,不仅要传授知识,更要注重培养学生的自主学习能力和探究精神,鼓励他们挣脱被动接受知识的束缚,转而主动思考、积极探索。为了实现这一目标,教师应采用多样化的教学方法,其中问题引导和案例分析是尤为重要的两种手段。通过精心设计的问题,教师能够引导学生逐步深入问题的核心,促使他们主动思考、分析和解决,从而在这个过程中锻炼和提升他们的创新思维和解决问题的能力。而案例分析则能够让学生接触到实际生活中的数学问题,通过分析和讨论案例,学生能够更好地理解数学知识的应用,同时也能够培养他们的批判性思维和解决问题的能力。在启发式教学中,教师的角色更多的是一个引导者和促进者,通过创设富有启发性的学习环境,鼓励学生大胆质疑、勇于探索,不断挑战自己的思维极限。这种教学方式不仅有助于提升学生的数学素养,更能够培养他们的创新意识和实践能力,为他们的未来发展奠定坚实的基础。因此,在大学数学教学中,坚持启发式教学原则,注重培养学生的自主学习能力和探究精神,是提升教学质量和效果的重要途径。

(四)因材施教原则

因材施教原则在大学数学教学中占据着核心地位,它明确要求教学必须根据学生的个体差异和实际需求进行有针对性的调整与实施。这一原则强调了教师对学生个体差异的深入了解和尊重,要求教师不仅要关注学生的学习基础,还要深入了解他们的兴趣爱好和学习风格,从而根据每位学生的独特特点,精心制订个性化的教学计划和方案。在实际教学过程中,教师应始终保持与学生的密切互动和交流,时刻关注他们的学习动态和反馈。通过细心观察学生的表现、及时收集他们的反馈意见,教师能够更准确地把握每位学生的学习状况和需求,进而灵活调整教学策略和方法,确保教学能够精准对接不同学生的实际需求。同时,因材施教原则也鼓励教师积极发掘并培养学生的优势和特长。教师应成为学生的坚实后盾,为他们提供展示自我、发挥潜能的舞台。通过鼓励学生参与课外活动、竞赛或研究项目,教师可以帮助他们在实践中锻炼能力、积累经验,进而培养他们的自信心和创造力。

(五)心理的原则

大学的数学教育应该站在学生的位置,并与其心理发展相适应,以满足其真实感受。不符合"心理学原则"的教学方法没有教学价值。大多数认知心理学家和数学教育者认为,知识是通过认知主体的积极构建而获得的,而不仅仅是通过传递,知识的获取涉及重建。哈塔诺发现,观念的变化在科学和认知史上比较值得注意,也许是因为基本思想的变化可能是最激进的智力重构。事实证明,学生获得知识与其本身的知识结构和学生认知事物的基本概念有着重要的关系。如今的教育体制下,学生的学习心理、学习方式、生活方式、知识结构都是为高考服务的。这种教学模式的直接后果是学生动手能力和敏捷性很差。然而,大学教育是一种以素质为导向的讲课方法。这种方法旨在提高学生的个人能力,展示自己的个性,以便在校园里更好地发展,成为对社会和国家有用的人才。因此,中学教育和大学教育没有连续性。这种断层导致刚刚进入大学校园的新生不堪重负,并花费很长时间来消除这种心理差距。这就要求教师要注意课堂上学生的心理变化和知识结构,考虑学生的心理发展阶段和接受数学的能力,用恰当的方式来揭示深奥的、有趣的数学思想。

二、大学数学教学的目的

(一)培养数学素养

大学数学教学的首要目的是培养学生的数学素养,这一目标的内涵丰富而深远,数学素养不仅仅局限于对数学基础知识和基本技能的掌握,它更强调培养学生具备数学思维和解决问题的能力。通过深入学习数学,学生能够逐步揭开数学神秘的面纱,更好地理解那些看似抽象的概念、定理和公式背后的逻辑与联系。在这个过程中,学生不仅学会了如何运用数学语言进行精确的表达,还培养了严密的逻辑思维能力,这为他们的学术研究和未来职业发展奠定了坚实的基础。然而,数学素养的培养远不止于此。数学教学还应致力于提升学生的数学直觉和洞察力,这是一项至关重要的能力。在现实生活中,许多问题都隐藏在复杂的表象之下,需要学生具备敏锐的洞察力才能迅速捕捉到问题的本质和关键。而数学直觉的培养,正是为了让学生在面对这些复杂问题时,能够像数学家一样,直觉地感知到问题的数学结构,从而运用所学的数学知识进行有效的分析和解决。因此,大学数学教学在传授知识的同时,更加注重能力的培养和思维的训练。它希望通过系统的学习和训练,使学生能够不仅在数学领域内游刃有余,还能将所学的数学知识和思维方法应用到更广泛的领域中去,成为具备扎实数学基础和卓越思维能力的高素质人才。

(二)提升思维能力

大学数学教学的一个重要目标是致力于提升学生的思维能力,这一追求根植于数学学科本身的特性之中。数学,作为一门逻辑严密的学科,不仅要求学生掌握其基础知识和技能,更强调学生需具备严谨的思维方式和逻辑推理能力。在这样的学科要求下,学习数学成为一种锻炼思维、提升分析问题和解决问题能力的有效途径。在教学过程中,数学教学应注重对学生抽象思维的培养。数学常常需要将具体的问题抽象化,通过符号、公式等表达形式来进行推理和计算。这种抽象化的过程要求学生能够超越表面的现象,深入到问题的本质进行思考,从而培养他们的抽象思维能力。同时,逻辑思维也是数学教学中不可或缺的一部分。数学问题的解决往往需要严密的逻辑推理,从已知条件出发,逐步推导出结论。在这个过程中,学生需要学会如何合理地运用推理规则,确保每一步的推导都是严谨和正确的。除了抽象思维和逻辑思维,数学教学还应关注学生的创造性思维培养。数学并非仅仅是一套固定的规则和公式,它也鼓励学生进行探索和创新。在数学教学中,教师应引导学生发现问题、提出假设,并通过数学方法进行验证和解决,从而培养他们的创造性思维。通过注重抽象思维、逻辑思维和创造性思维的培养,数学教学不仅使学生能够更灵活地运用数学知识进行思考和推理,还帮助他们在各种复杂情境中找到最优的解决方案,为他们的学术研究和未来职业发展打下坚实的基础。

(三)增强应用能力

大学数学教学还应特别注重增强学生的应用能力,这一教学目标凸显了数学学科的实用性和其在现实生活中的广泛价值。数学不仅仅是一门纯粹的理论学科,其丰富的理论和概念在实际生活中有着极为广泛的应用,从工程设计到金融分析,从物理学到计算机科学,数学都扮演着至关重要的角色。通过引入实际案例和开展实践教学活动,学生能够亲身体验到数学知识的实用价值,深刻理解数学理论是如何在实践中发挥作用的。在实践教学中,教师应精心设计各种实际问题和案例分析,鼓励学生运用所学的数学知识进行思考和探索,寻找解决问题的最佳方法和技巧。这样的教学方式不仅能够有效锻炼学生的实践能力,使他们在实际操作中更加熟练和自信,还能够极大地提高他们对数学的兴趣和积极性。当学生看到数学知识在解决实际问题中的巨大威力时,他们会对这门学科产生更深厚的兴趣,从而更加主动地投入到数学学习中去。这种兴趣与积极性的提升,将进一步推动学生在数学学习上取得更好的成绩,也为他们未来的学术研究和职业发展奠定坚实的基础。

(四)促进学科交叉融合

大学数学教学还应致力于促进学科之间的交叉融合,这一教学目标体现了数学在现代科学研究中的基础性地位及其与其他学科的紧密联系。随着科学技术的快速发展,数学已经渗透到各个学科领域,成为解决复杂问题的重要工具。因此,数学教学不应仅仅局限于数学本身,而应注重培养学生的跨学科思维,使他们能够将数学知识与其他学科的知识相结合,进行综合性的分析和研究。为了实现这一目标,数学教学应积极引入跨学科的内容和方法,鼓励学生探索数学与其他学科之间的交集。例如,可以结合物理学中的运动学问题,引导学生运用数学工具进行建模和分析;或者通过经济学中的优化问题,让学生体会数学在解决实际问题中的威力。这样的教学方式不仅能够使学生更好地理解数学知识的应用价值,还能够拓宽他们的学术视野。通过跨学科的教学和学习,学生可以逐渐培养出综合运用知识的能力。他们将学会如何从不同学科的角度审视问题,如何运用多种学科的知识和方法进行综合性的分析和研究。这种能力的培养对于现代社会对复合型人才的需求具有重要意义。在现代社会中,许多复杂问题都需要跨学科的知识和方法来解决,而具备跨学科思维和能力的人才将更具竞争力。因此,大学数学教学应注重促进学科之间的交叉融合,培养学生的跨学科思维和能力,不仅有助于提升学生的综合素质和创新能力,还能够为他们未来的学术研究和职业发展打开更广阔的空间。

三、大学数学教学原则的实施策略

(一)教学内容的优化与整合

在大学数学教学中,教学内容的优化与整合被视为实施教学原则的一项关键策略,这一策略要求教师承担起对现有教学内容进行深入分析和评估的重任,他们需要仔细甄别哪些内容是陈旧、重复或低效的,并果断地予以去除或替换。与此同时,教师还应积极引入新的、具有前瞻性的知识点,以确保教学内容能够与时俱进,反映数学学科的最新发展。优化教学内容的工作并不仅仅局限于精简和更新,其更深层次的意义在于实现不同知识点之间的有机整合。教师应努力构建一个逻辑严密、相互支撑的知识体系,让学生在学习过程中能够清晰地看到各个知识点之间的联系和递进关系。这样的知识体系不仅有助于学生更高效地掌握数学知识,还能在无形中培养他们的数学思维,提升他们跨学科应用数学的能力。通过教学内容的优化与整合,学生可以受益于一个更加精练、高效且富有前瞻性的数学教学体系。他们将能够在有限的学习时间内,掌握到最有价值、最具应用潜力的数学知识,并学会如何将这些知识应用于解决实际问题中。同时,这种优化与整合的教学策略还能激发学生的学习兴趣和创新精神,为他们的未来学术研究和职业发展奠定坚实的基础。

（二）教学方法的创新与多样化

长期以来，传统的教学方法往往过于注重知识的单向灌输，却在一定程度上忽视了学生的主动性和创造性，这在一定程度上限制了学生数学思维和应用能力的发展。为了打破这一局限，教师们需要积极投身于教学方法的探索与尝试之中，努力寻找能够更好地激发学生学习兴趣和积极性的新路径。问题导向学习便是一种值得推广的方法，它鼓励学生围绕具体问题进行探究，通过自主思考和合作讨论来寻找答案，从而培养学生的问题解决能力和团队合作精神。同时，合作学习也是一种行之有效的教学方法。在合作学习的模式下，学生们可以共同面对学习任务，相互协作、互相启发，这不仅能够促进他们对数学知识的深入理解，还能提升他们的沟通能力和团队意识。而翻转课堂则是另一种创新的教学模式，它将传统的课堂讲授与课后作业进行了颠倒，让学生在课前通过视频、阅读材料等方式自主学习新知识，课堂上则更多地用于讨论、解惑和深化理解。这种教学模式能够更好地发挥学生的学习主动性，提高课堂互动效果。当然，教学方法的多样化并不意味着随意选择，而是要根据不同的教学内容和学生特点，灵活而科学地选择最适合的教学方法。只有这样，才能真正实现教学效果的最大化，让每一个学生都能在大学数学的学习中收获满满。

（三）教学评价的多元化与科学性

教学评价的多元化与科学性，在大学数学教学原则的实施中占据着举足轻重的地位，长期以来，传统的教学评价往往过于侧重学生的考试成绩,这种单一的评价方式不仅忽略了学生在学习过程中的实际表现和进步,也难以全面、准确地反映学生的真实学习状况。为了改变这一现状,教师们需要积极构建多元化的评价体系。这一体系应当涵盖课堂表现、作业完成情况、小组讨论贡献、创新项目等多个方面,旨在从多个维度全面评价学生的学习成果。通过这样的评价方式,不仅可以更准确地衡量学生的学习成效,还能更好地激励他们在数学学习中不断取得进步。同时,教学评价的科学性也是不容忽视的。评价标准应当明确、具体,避免模糊和主观性,以确保评价的公正性和客观性。评价过程应当严谨、规范,遵循科学的方法和程序,以确保评价结果的准确性和可靠性。而评价结果则应当及时反馈给学生,让他们及时了解自己的学习状况,并根据反馈进行必要的调整和改进。通过实施多元化与科学性的教学评价策略,大学数学教学将能够更好地适应学生的学习需求和发展特点,进一步激发学生的学习积极性和创造力。同时,这种评价方式也将有助于教师更准确地了解学生的学习状况和需求,从而更有针对性地调整教学策略和方法,提高教学效果和质量。

四、大学数学教学目的的实现路径

(一)课程设置与教学内容的调整

为了实现大学数学教学目的,课程设置与教学内容的调整显得尤为重要,这一调整过程要求教育机构对数学课程进行全面的审视和评估,确保其既能够牢固地覆盖基础理论知识,又能够及时包含前沿的数学应用。在审视过程中,教育机构需要识别并去除那些已经过时或显得冗余的内容,这些内容可能已经失去了在现代社会中的实际应用价值,或者已经被新的理论和方法所取代。同时,调整过程中还应积极引入新的、与现代社会需求紧密相关的知识点。这意味着数学教学需要与时俱进,关注数学学科的最新发展动态,并将这些新知识点融入课程设置中。通过这样的调整,学生可以接触到最新的数学理论和应用,更好地适应现代社会对数学人才的需求。此外,课程设置还需要充分考虑学生的实际需求和学习特点。不同学生可能具有不同的数学基础和学习兴趣,因此,教学内容应该既有足够的深度,以满足对数学有深入研究兴趣的学生,又应该易于理解,以便让所有学生都能够掌握基本的数学知识和技能。通过这样的调整,可以更有效地提升学生的数学素养和应用能力,使他们能够在未来的学术研究和职业生涯中更好地运用数学知识解决问题。

(二)实践教学环节的加强

实践教学在大学数学教学中占据着举足轻重的地位,它不仅是理论知识与实际应用的桥梁,更是培养学生应用能力和解决问题能力的重要途径。为了进一步增强学生的应用能力,必须加强实践教学环节,这已经成为共识。加强实践教学可以通过多种方式实现。其中,增加实验课程是一种直接而有效的方法。通过实验课程,学生可以亲自动手进行操作,感受数学知识的实际应用过程,从而加深对理论知识的理解。同时,开展数学建模竞赛也是一种富有挑战性的实践教学方式。数学建模竞赛要求学生运用数学知识解决实际问题,这不仅能够锻炼他们的数学应用能力,还能培养他们的创新思维和团队合作精神。除此之外,实施案例教学也是一种值得推广的实践教学方法。通过引入实际生活中的数学问题作为案例,引导学生进行分析和解决,可以使他们更加直观地了解数学知识的应用价值。案例教学不仅能够帮助学生将理论知识与实际问题相结合,还能提升他们的综合素质和解决问题的能力。通过这样的实践教学环节,学生可以亲身体验到数学知识的应用魅力,进一步加深对理论知识的理解。

(三)学科交叉融合的推动

在现代科学研究的广阔天地中,数学与其他学科的交叉融合趋势日益明显,这一趋势为大学数学教学带来了新的机遇和挑战。因此,推动学科之间的交叉融合,已成为实现大学数学教学目的的重要途径。这一过程的实现,要求教师在数学教学中勇于尝试和创新,积极引入跨学科的内容和方法,以此激发学生的探索欲望,鼓励他们深入挖掘数学与其他学科之间的内在联系。在实际教学中,教师可以巧妙地结合物理学、经济学、计算机科学等领域的实际问题,引导学生运用所学的数学知识进行综合性的分析和研究。例如,在物理学中,可以通过数学模型来解析复杂的物理现象;在经济学中,可以利用数学工具来预测市场趋势;在计算机科学中,数学更是构建算法和模型的基石。通过这些跨学科的应用实例,学生不仅可以更加深刻地理解数学知识的内涵和价值,还能在实践中逐渐掌握跨学科的研究方法和思维方式。通过这样的教学方式,学生的视野将得到极大的拓宽,他们不再局限于单一的数学领域,而是能够站在一个更高的角度,审视和理解不同学科之间的相互作用和依存关系。同时,这种跨学科的学习经历也将极大地增强学生综合运用知识的能力,使他们在面对复杂问题时能够游刃有余,提出更具创新性和实用性的解决方案。

(四)学生自主学习能力的培养

在大学数学教学中,培养学生自主学习能力被视为实现教学目的的关键环节,自主学习能力是一个综合性的概念,它涵盖了问题发现与解决能力、信息检索与处理能力,以及持续学习与自我提升的能力。为了有效培养学生的自主学习能力,教师需要采取一系列创新的教学策略。布置具有挑战性的作业是一种有效的方法,它能够激发学生的求知欲和探索精神,促使他们在解决问题的过程中不断提升自己的能力。同时,引导学生进行自主探究和合作学习也是至关重要的。通过自主探究,学生可以学会独立思考,培养自己的问题发现和解决能力;而合作学习则能够让学生在交流中互相启发,共同提高。此外,教师还可以充分利用现代教育技术手段,如在线课程、虚拟实验室等,为学生提供更加丰富的自主学习资源和平台。这些现代化的教育工具不仅能够打破时间和空间的限制,让学生随时随地都能进行学习,还能通过模拟真实场景和提供即时反馈等方式,增强学生的学习体验和效果。通过这样的培养方式,学生可以逐渐养成自主学习的习惯和能力,学会如何有效地获取和处理信息,如何在面对问题时保持冷静和理性,以及如何不断地更新自己的知识和技能。

第二章　思维创新理论认知

第一节　思维创新的定义和特性

一、思维创新概述

(一)思维创新的基本概念

1. 定义阐述

　　思维创新是一个富有活力和创造性的过程,它指的是个体或集体在面对问题时,能够勇敢地突破传统的思维模式、固有的观念以及既定的方法,不拘泥于现有的知识框架和经验积累。这一过程要求思考者具备敏锐的洞察力,能够察觉到传统方式中的局限与不足,进而敢于挑战常规,勇于探索未知。通过这样的思维活动,个体或集体能够产生出新颖、独特且富有价值的想法、观点和解决方案。因此,思维创新是推动个人成长、社会进步以及科技发展的重要动力源泉。它鼓励人们不断挑战自我,勇于尝试和创造,从而在不断的探索与实践中,实现自我超越和社会的持续进步。无论是在学术研究、技术创新,还是在日常生活的问题解决中,思维创新都发挥着不可或缺的作用,它引领着人们走向更加广阔的未知领域,探索更加美好的未来。

2. 核心要素

(1)突破传统

在传统思维模式的束缚下,人们往往习惯于按照既定的路径和方式思考问题,这导致了思维的僵化和创新的缺失。然而,思维创新者敢于挑战传统,他们不满足于现有的知识框架和经验积累,而是致力于打破认知的边界,寻求新的思考角度和解决方案。这种突破传统的精神,使得思维创新者能够在面对问题时,不被传统的观念和思维模式所局限,从而发现更多的可能性和创新点。他们勇于质疑和挑战既定的认知,通过不断的探索和实践,开辟出新的思维路径和认知空间。正是这种突破传统的精神,推动了思维的不断发展和创新,为社会的进步和发展注入了新的活力。

(2)产生新颖性

新颖性是思维创新的核心特征,它要求思维创新者在面对问题时,能够提出前所未有的新观点、新理论和新方法。这种新颖性并非凭空而来,而是源于思维创新者对问题的深入分析和对传统思维的深刻反思。他们通过对问题的独特见解和新颖的思考方式,打破了传统的思维定式和认知边界,从而产生了具有创新性和独特性的思维成果。

(3)创造价值

思维创新的价值在于其能够创造价值,这种价值不仅体现在理论层面,更体现在实践层面。在理论层面,思维创新能够推动学科的发展和进步,为学术研究提供新的视角和思路。通过创新的思维方式和研究方法,学者们能够发现新的研究领域,提出新的理论观点,从而丰富和发展学科的知识体系。在实践层面,思维创新能够解决实际问题,带来实际效益和进步。无论是科技创新、管理创新还是社会创新,思维创新都发挥着重要的作用。通过创新的思维方式和解决方案,人们能够解决复杂的问题,提高生产效率,改善生活质量,推动社会的进步和发展。因此,创造价值是思维创新的重要目标之一,它体现了思维创新在实际应用中的巨大潜力和价值。

(二)思维创新的重要性

1. 推动个人发展

(1)提升竞争力

在当今这个竞争激烈的时代,无论是职场还是学术界,都充满了无数的挑战和机遇,而思维创新,正是帮助个体在这些领域中脱颖而出的关键。通过创新的思维方式,个体能够发现新的解决问题的方法,提出独特的观点,从而在工作中展现出卓越的能力。在学术界,创新的思维更是推动学术研究进步的重要动力,它能够帮助学者开辟新的研究领域,提出新的理论,从而在学术界树立自己的地位。因此,思维创新对于提升个体在职业和学术领域的竞争力具有不可估量的价值。

(2)增强适应力

现代社会是一个充满变化和挑战的社会,个体需要不断地适应新的环境和挑战才能够生存下去。而思维创新正是帮助个体增强适应力的重要工具。通过创新的思维方式,个体能够更加灵活地应对各种变化和挑战,从不同的角度寻找解决问题的方法。这种灵活的思维方式不仅能够帮助个体在职业和学术领域中取得成功,还能够帮助个体在生活中更好地应对各种复杂的问题和挑战。因此,思维创新对于增强个体的适应力具有重要的作用,它是个体在现代社会中立足和发展的重要保障。

2. 促进社会进步

（1）科技创新

科技创新是社会发展的重要驱动力,而思维创新则是科技创新的源泉,通过突破传统的思维模式和方法,思维创新为科学技术的发展提供了新的思路和方向。它鼓励人们勇于探索未知领域,挑战现有的科学理论和技术方法,从而推动科学技术的不断进步。正是这种思维创新的精神,使得人类能够不断突破科技的边界,创造出更加先进和实用的科技成果,为社会的进步和发展提供强有力的支撑。

（2）文化繁荣

文化是社会的重要组成部分,而思维创新则是推动文化繁荣的关键,在思维创新的推动下,人们能够突破传统的文化观念和束缚,创造出更加多样化和创新性的文化成果。这种文化的多样性和创新不仅丰富了人们的精神世界,还推动了文化的传承和发展。同时,思维创新也促进了不同文化之间的交流与融合,使得各种文化能够相互借鉴、共同发展,为文化的繁荣注入了新的活力。

（3）经济发展

经济发展是社会进步的重要标志,而思维创新则是推动经济发展的重要动力,通过突破传统的经济思维和模式,思维创新为经济的发展提供了新的思路和方向。它鼓励人们勇于尝试新的商业模式和经营方式,创造出更加高效和可持续的经济增长点。同时,思维创新也推动了产业的升级和转型,使得经济能够更加适应时代的发展和需求。正是这种思维创新的精神,使得经济能够不断保持活力和竞争力,为社会的进步和发展提供坚实的经济基础。

3. 解决复杂问题

（1）提供新视角

复杂问题往往涉及多个层面和维度,传统的思维方式往往只能触及其中一部分,而思维创新则能够打破这种局限,提供全新的视角来审视问题。这种新视角可能来自对问题的重新定义,也可能来自对问题背后更深层次原因的挖掘。通过这种新的审视方式,人们能够发现之前未曾注意到的解决方案,从而为问题的解决开辟新的道路。这种新视角的提供,是思维创新在解决复杂问题中的关键作用之一。

（2）融合多学科知识

复杂问题的解决往往需要多学科的知识和方法,而思维创新则能够促进不同学科之间的融合和合作。通过打破学科之间的壁垒,思维创新者能够将不同学科的知识和方法综合应用到问题的解决中。这种跨领域的合作不仅能够提供更全面的解决方案,还能够创造出全新的知识和方法。因此,融合多学科知识是思维创新在解决复杂问题中的另一个关键作用。它使得人们能够更全面地理解和解决问题,从而推动社会的进步和发展。

(三)思维创新的实践应用

1. 教学方法创新

传统的教学方法,往往以教师为中心,学生则处于被动接受知识的地位,在这种模式下,学生往往缺乏主动探索和思考的机会,导致他们的学习兴趣和创造力难以得到充分激发。为了打破这一局限,思维创新在教学方法上进行了积极的应用与探索。思维创新强调打破传统的教学模式,注重学生的主动参与和实践。这意味着,在教学过程中,学生不再只是被动地接受知识,而是成为学习的主体,积极参与到知识的探索和实践中。为了实现这一目标,项目式学习、翻转课堂等新型教学方法被引入到课堂中。在项目式学习中,学生需要围绕一个具体的项目或问题展开研究,通过实践探索来获取知识和解决问题。而翻转课堂则打破了传统的课堂讲授模式,让学生在课前通过自主学习掌握基础知识,课堂上则更多地进行讨论、实践和问题解决。这些新型教学方法的应用,不仅提高了学生的学习效果,使他们能够更深入地理解和掌握知识,还培养了他们的创新思维和实践能力。在实践中探索和学习,学生逐渐学会了如何独立思考、如何创新解决问题,这对他们的未来发展和成长具有重要意义。

2. 课程设置创新

传统的课程设置,普遍遵循着按学科划分的原则,学生在这样的体系下,往往只能局限于单一学科的知识学习。这种分割式的课程结构,虽然有助于深入钻研特定领域的学问,但同时也限制了学生综合素养和跨学科思维能力的发展。为了突破这一限制,思维创新在课程设置上展现出了其独特的价值。思维创新强调跨学科整合,主张在课程设置上打破学科之间的壁垒,注重培养学生的综合素养。这意味着,课程设置不再仅仅局限于某一学科内部,而是将不同学科的知识和方法进行有机融合。通过设置跨学科课程,学生能够接触到多个学科的知识,学会从不同角度审视和思考问题。同时,实践课程的引入也使学生有机会将所学知识应用到实际问题中,培养他们的实践能力和解决问题的能力。这种课程设置的创新,不仅拓宽了学生的知识视野,使他们能够拥有更加全面和丰富的知识储备,还极大地提升了他们的综合素养和跨学科思维能力。

二、思维创新的特性

(一)突破性

1.挑战传统观念

思维创新的核心特性之一,显著体现在其对于传统观念和现有理论的挑战精神上,在传统观念和现有理论的深厚框架下,人们往往倾向于遵循既定的模式和思路进行思考,这种惯性思维使得问题的解决路径显得相对固定和有限。然而,思维创新则展现出一种敢于突破这一固有局限的勇气。它并不拘泥于现有的知识和观念,而是以一种开放和批判性的态度,鼓励人们勇于质疑和挑战那些被视为理所当然的传统观念。这种挑战不仅仅是对旧有知识的重新审视,更是对新可能性的积极探索和对创新解决方案的不懈追求。正是这种挑战传统观念的精神,赋予了思维创新不断推动知识进步和社会发展的强大动力。通过提出前所未有的观点和想法,思维创新为各类问题的解决开辟了全新的思路和方向,它不仅刷新了人们对问题的理解,更为社会的发展开辟了崭新的道路。在这样的创新推动下,社会得以不断前行,知识的边界也被持续拓宽。

2. 打破思维定式

思维创新的另一个重要特性,突出表现在其对于打破思维定式的强烈强调上,思维定式,这一在长期的思维实践中悄然形成的固定思维模式,往往如无形的枷锁,使人们难以挣脱固有的框架去审视和思考问题。它像一片遮蔽了新视野的阴云,让人们在面对问题时,不自觉地沿着既定的路径去思考,从而限制了创新的火花。然而,思维创新却如一柄锐利的剑,鼓励人们勇敢地打破这种思维定式的束缚。它倡导人们挣脱固有的思维枷锁,勇于尝试那些未曾涉足的思维方式和全新的思考角度。正是这种敢于跳出舒适区的勇气,让人们能够避免陷入思维定式的局限之中,得以窥见那些隐藏在常规之外的新可能性和创新性的解决方案。这种打破思维定式的精神,赋予了思维创新在解决问题时更高的灵活性和无限的创造力。它如同一股清新的风,吹散了思维的迷雾,鼓励人们不断探索那些未被开垦的思维领域,勇于尝试那些前所未有的方法和思路。在这样的创新引领下,人们得以为问题的解决提供那些独具匠心的全新视角和方案,开辟出一片又一片的创新天地。

(二) 多元性

1. 跨学科融合

在知识爆炸的时代背景下,单一学科的知识体系显得日益捉襟见肘,面对复杂多变的问题时往往难以提供全面的解答。正是基于这一深刻的认识,思维创新应运而生,它特别强调跨学科的知识和方法融合。思维创新鼓励人们勇敢地跨越学科的界限,不再局限于某一特定领域的知识和方法,而是积极寻求不同领域之间的交叉点和联系,将它们巧妙地整合在一起。这种跨学科的融合不仅极大地拓宽了人们的视野,让人们能够从多个角度和层面去审视问题,还激发了新的灵感和创意的涌现。通过整合不同领域的知识,思维创新为解决问题提供了全新的思路和方案,这些思路和方案往往更加全面、深入且具有创新性。更重要的是,这种跨学科的融合还能够创造出更加丰富和多样的思维成果,这些成果不仅推动了知识的进步,还为社会的发展注入了新的活力。因此,思维创新在促进学科交叉融合、推动知识创新和社会发展方面发挥着不可替代的作用。

2. 多样性思维

面对复杂多变的问题和挑战,单一的思维方式和固定的解决方案往往显得力不从心,难以有效应对。正是在这样的背景下,思维创新凸显了其重要性,它特别强调多样性思维的价值。思维创新鼓励人们从多个角度和层面去深入思考问题,不拘泥于传统的思维模式或既定的解决方案。它倡导一种开放和灵活的思维态度,鼓励人们积极探索和尝试各种不同的方法和思路。通过这种多样性思维的方式,人们能够拓宽思维的边界,发现更多的可能性和潜在的解决方案,从而更加全面地把握问题的本质和关键点。这不仅极大地提高了人们解决问题的能力和效率,使得他们能够更加迅速和准确地找到问题的症结所在,并提出切实可行的解决方案,还培养了人们的创新思维和应变能力。在多样性思维的引导下,人们学会了如何在面对未知和变化时保持冷静和灵活,不断调整和优化自己的思维方式,以适应不断变化的环境和挑战。因此,多样性思维不仅是思维创新的重要组成部分,也是现代社会中个人和组织应对复杂问题、实现持续发展的关键能力。

(三)实践性

1.强调实践探索

强调实践探索是思维创新的一大显著特征,思维创新不仅仅满足于理论层面的探讨与构想,它更着重于将创新思维切实转化为实际行动。这种转化不仅仅是一个抽象的概念,而是要求人们在现实生活中积极尝试、实施那些新颖独特的想法。通过实践,新的思维成果得以在具体情境中接受检验,其可行性和有效性得以被客观评估。实践探索的过程中,可能会遇到各种预料之外的挑战和困难,但正是这些实际操作的经验,为新的想法提供了宝贵的修正和完善的机会。在实践中,创新思维不断被磨砺和优化,逐渐从初步的构想成长为成熟可行的解决方案。同时,实践也是创新思维与社会实际需求相连接的重要桥梁,它使得创新的成果能够更好地服务于社会,推动社会的进步与发展。因此,思维创新不仅仅是一种理论上的追求,更是一种注重实践、勇于探索的精神体现,它鼓励人们不断将创新的火花转化为改变世界的实际行动。

2. 问题解决导向

问题解决导向是思维创新的核心特征之一,思维创新并非孤立的理论探讨或空想的产物,而是以解决实际问题作为其明确的导向和目标。在面对各种挑战和难题时,思维创新鼓励人们跳出传统的思维框架,运用新颖、独特的思考方式来审视问题。它不满足于对问题的表面分析,而是深入挖掘问题的本质和根源,力求找到能够从根本上解决问题的有效方案。这种以问题解决为导向的思维模式,促使人们不断尝试和创新,将创新的思维转化为实际的行动和解决方案。通过付诸实践,这些创新的方案得以在现实世界中接受检验,其可行性和效果得以被验证。问题解决导向的思维创新不仅关注问题的解决本身,更重视解决方案的实施和推广,以期为社会带来实际的改变和进步。因此,思维创新在问题解决导向的引领下,成为推动社会发展和进步的重要动力,它鼓励人们不断面对挑战、勇于创新,以实际的行动和成果来回应时代的需求和呼唤。

(四)前瞻性

1. 预见未来趋势

思维创新不仅仅局限于对现状的分析和应对,它更具有一种前瞻性的视野,能够洞察并预见未来的发展趋势和变化。这种预见性并非凭空臆断,而是基于深入的市场研究、广泛的信息收集以及对社会、经济、科技等多领域动态的敏锐感知。思维创新鼓励人们跳出当前的框架,以更加长远的眼光去审视问题,从而提前识别出未来可能出现的挑战和机遇。通过预见未来趋势,思维创新能够为应对这些挑战提供全新的思路和策略,帮助人们在变化莫测的环境中保持领先。这种前瞻性的思维不仅有助于个人和组织在竞争中脱颖而出,更能为社会的可持续发展提供有力的支持。因此,思维创新在预见未来趋势方面发挥着不可替代的作用,它引导人们以更加开放和灵活的姿态迎接未来的挑战,不断开拓新的发展空间,创造更加美好的未来。

2. 引导变革方向

思维创新不仅仅满足于适应现有的环境,它更具有一种引领和塑造未来的力量。在社会、科技、文化等多个领域,思维创新都发挥着关键的作用,它能够洞察到现有的不足和局限性,并提出全新的、前瞻性的解决方案。这些创新的思路和策略,不仅能够解决实际问题,更能够为相关领域的进步和发展指明方向。思维创新鼓励人们勇于挑战传统,敢于尝试新的方法和路径,从而推动社会、科技、文化等领域的持续变革和升级。在这个过程中,思维创新不仅创造了新的价值和机遇,更为社会的发展注入了源源不断的活力。因此,思维创新在引导变革方向方面具有不可替代的作用,它不仅能够帮助个人和组织在变革中保持领先,更能够为整个社会的进步和发展提供有力的支持。正是这种不断求新、求变的精神,使得思维创新成为推动社会进步和发展的重要动力,引领着人们不断向更加美好的未来迈进。

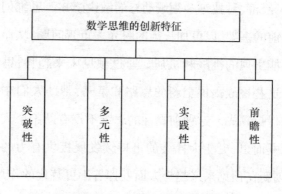

图 2-1　思维创新的特性

第二节　思维创新的理论基础

一、思维创新的理论支撑

(一)认知心理学基础

1. 认知过程与思维创新

(1)定义与范畴

认知心理学是一门深入探讨人类思维、知觉、记忆等认知过程的科学,它的研究范畴广泛,涵盖了从基本的感知觉到复杂的思维活动,以及这些认知过程如何影响我们的行为和决策。认知心理学特别关注大脑如何接收、处理和应用来自外界的信息,以及这些信息如何被整合、存储和提取,以指导我们的日常行为。这一过程不仅涉及对信息的简单处理,还包括对信息的解释、推理和判断,这些都是思维创新的重要基础。通过对认知过程的研究,我们可以更好地理解人类如何产生新的想法、解决问题,并在不断变化的环境中做出适应性的决策。因此,认知心理学为思维创新提供了丰富的理论基础,使我们能够更深入地探索创新的本质和机制。

(2)思维的结构与功能

思维作为认知过程的核心,具有多种重要的功能,包括逻辑性、批判性和创新性等,这些功能在思维创新中发挥着至关重要的作用。逻辑性使我们能够有条理地思考和推理,从而确保我们的想法和解决方案是连贯和合理的。批判性则促使我们不断质疑和挑战现有的观念和假设,以寻求更优化、更合理的解决方案。而创新性则是思维创新的核心,它推动我们不断突破传统的框架和思维模式,产生新颖、独特且有价值的想法和解决方案。这些功能共同作用于我们的思维过程中,使我们在面对复杂问题时,能够灵活应变、勇于创新,并不断推动个人和社会的进步与发展。通过对思维结构与功能的深入研究,我们可以更好地理解思维创新的内在机制,从而为培养和提高个体的思维创新能力提供有力的理论支持。

2. 信息加工与创意产生

(1)信息加工模型

认知心理学中的信息加工模型为我们揭示了人类如何接收、

存储、组织和检索信息的复杂过程。这一模型不仅关注信息的输入和输出,更深入地探讨了信息在大脑中的处理机制。在创意产生的过程中,这一模型提供了重要的理论框架。它指出,创意并非凭空产生,而是信息在大脑中经过一系列加工、重组和整合的结果。当个体接收到新的信息时,大脑会将这些信息与已有的知识、经验和观念进行联系和比较,通过不断的分析和综合,最终形成新的、独特的想法和解决方案。这一过程需要个体具备开放的心态和灵活的思维方式,能够跨越传统的界限,将不同领域的知识进行跨界融合,从而产生出真正具有创新性的创意。

(2)工作记忆与创意孵化

在创意产生的过程中,工作记忆发挥着至关重要的作用,工作记忆是个体在短时间内保持和操纵信息的能力,它为创意的孵化提供了必要的认知资源。当个体面临一个问题或挑战时,他需要从长时记忆中提取相关的信息和知识,并在工作记忆中进行加工和处理。通过在工作记忆中不断地对信息进行重组和整合,个体能够逐渐形成新的想法和解决方案。这一过程需要个体具备足够的注意力和控制力,能够专注于问题本身,并抵制外界干扰,从而保证创意孵化的顺利进行。同时,工作记忆的容量和效率也影响着创意产生的质量和速度。因此,提高工作记忆的能力对于促进创意产生具有重要意义。

3. 认知风格与思维创新

(1)认知风格的多样性

认知风格是指个体在信息处理和思维活动中所表现出的独特

方式,不同个体具有不同的认知风格,这些风格在很大程度上影响着个体的思维方式和问题解决策略。例如,场独立型个体倾向于以自我为中心,独立分析问题,而场依存型个体则更注重外部环境和他人的影响。同样,发散型个体善于从多个角度思考问题,产生多样化的解决方案,而聚合型个体则更倾向于按照既定的规则和程序进行思考。这些不同的认知风格使得个体在思维创新方面表现出明显的差异。了解并尊重这种多样性,有助于我们更好地理解不同个体的思维创新潜力,并为他们提供更有针对性的支持和指导。

（2）促进思维创新的认知风格

在众多的认知风格中,发散型认知风格被认为更有利于思维创新,这种认知风格鼓励个体从多个角度思考问题,不拘泥于传统的观念和框架。他们善于将不同的信息、观念和想法进行跨界融合,从而产生出新颖、独特且有价值的解决方案。发散型认知风格的个体通常具有较高的创造力和想象力,他们能够在面对复杂问题时,迅速找到问题的关键点,并提出切实可行的解决方案。因此,在培养和提高个体的思维创新能力时,注重培养发散型认知风格具有重要意义。通过提供多样化的思维训练和实践机会,我们可以帮助个体发展出更加灵活、开放的思维方式,从而更好地应对未来的挑战和机遇。

4. 认知偏差与思维创新的挑战

（1）认知偏差的定义与类型

认知偏差是个体在信息处理过程中难以避免的系统性错误,

这些错误可能源于个体的经验、信念、情感等多种因素,导致个体在处理信息时产生偏差。常见的认知偏差类型多样,其中包括确认偏误,即个体倾向于寻找、解释或记住与自己已有观念相符的信息,而忽视或排斥与之相悖的信息;选择性注意也是一种常见的认知偏差,个体在处理大量信息时,往往只关注与自己兴趣、需求或预期相关的信息,而忽略其他重要信息。这些认知偏差可能对思维创新构成严峻挑战,因为它们限制了个体的视野,阻碍了新观念、新想法的产生。

(2)克服认知偏差的策略

为了提升思维创新能力,个体必须了解并努力克服自己的认知偏差,培养批判性思维是一种有效策略,它要求个体对自己的观念和想法进行反思和质疑,不断挑战自己的认知框架,从而避免陷入认知偏差的陷阱。此外,拓宽信息来源也是减少认知偏差影响的重要途径。个体应积极寻求多样化的信息渠道,关注不同领域、不同观点的信息,以丰富自己的知识体系和思维方式。通过这些策略的实施,个体可以更加全面地认识世界,更加准确地处理信息,从而为思维创新提供更加坚实的基础。

(二)创造学视角

1. 创造的定义与分类

创造简而言之是一个蕴含无限可能与活力的过程,它关乎新思想、新事物或新方法的诞生。这一过程广泛渗透于人类活动的各个领域,无论是艺术的灵动创意、科学的深刻洞察,还是技术的革新突破,都无不体现着创造的魅力。创造并非单一维度的概念,它可以大致划分为两大类别:一类是革新性的创造,这类创造如同破晓的曙光,引领着全新的方向与可能,例如新技术的发明、新理论的提出,它们为人类社会带来了前所未有的变革;另一类则是改良性的创造,这类创造在现有的基础上进行细致的雕琢与优化,虽然不似革新性创造那般耀眼,却同样不可或缺,它推动着社会在稳定中不断进步,让每一个细节都焕发出新的生机。无论是哪一种类型的创造,其核心精髓都在于敢于打破常规,勇于挑战既定的框架与界限,以非凡的想象力与创造力,开辟出前所未有的新天地。正是这种对未知的探索与追求,使得创造成为推动人类社会不断前行的重要力量。

2. 创造的特征与过程

创造作为一种高度复杂且富有成效的思维活动,其核心特征可以概括为独特性、新颖性和价值性。独特性,是创造的本质属性,它确保了创造的结果与众不同,具有鲜明的个性化和差异化特点,使得创造物在众多同类中脱颖而出。新颖性,则是创造的灵魂所在,它要求创造的内容必须是前所未有的,是对现有知识、观念或事物的突破与创新,能够为人们带来新的视角和思考。而价值性,则是创造的最终归宿,它表明创造的结果不仅具有理论上的意义,更应具备实际应用的价值,能够为社会带来实际的进步和发展。创造的过程并非一蹴而就,而是需要经过准备、酝酿、明朗和验证等多个阶段的精心打磨。在准备阶段,个体需要广泛积累知识和经验,为后续的创造活动奠定坚实的基础。进入酝酿阶段,个体开始对特定问题进行深入的思考和探索,尝试从不同的角度和层面去理解和解构问题。随着思考的深入,个体逐渐进入明朗阶段,此时新的想法或解决方案会如同灵光一闪般突然涌现。

3. 创造学的研究内容与方法

创造学作为一门跨学科的研究领域,其核心关注点在于探索创造的本质、过程、方法以及环境等多重因素。该学科致力于揭示创造活动的内在规律,不仅关注如何有效地激发和培养个体的创造力,还积极寻求促进团队和组织层面创新的有效途径。在研究方法上,创造学展现了其高度的综合性和多元性,它不拘泥于单一学科的传统框架,而是广泛吸纳了心理学、社会学、认知科学等众多学科的方法和技术。这种跨学科的融合为创造学的研究提供了丰富的视角和工具,使其能够更加全面和深入地探究创造的内在机制和外部条件。通过实验、观察、案例研究等多种方式,创造学不断地积累着关于创造活动的宝贵知识,这些研究成果不仅为理论构建提供了坚实的基础,也为实践应用提供了有力的指导。

二、思维创新的过程与机制

(一)创新过程

1. 问题识别与定义

创新过程的起点在于问题的识别与定义,这一环节要求个体或团队具备敏锐的洞察力,能够准确地捕捉到存在的问题或挑战,并对其进行深入的剖析。问题的识别不仅仅是对表面现象的简单感知,更需要深入挖掘其背后的原因和影响。定义问题的过程则是对问题进行清晰、准确的描述,明确问题的性质、范围和紧迫性,为后续的创新活动提供明确的方向和目标。

2. 信息搜集与分析

在明确了问题之后,接下来需要进行的是信息的搜集与分析,这一环节要求广泛收集与问题相关的信息和知识,包括现有的研究成果、行业趋势、市场需求等。信息搜集的过程中需要保持开放的心态,不拘泥于传统的观念或框架。分析信息则需要对收集到的数据进行深入的解读和整理,评估其有效性、可靠性和相关性,为后续的创意产生提供坚实的基础。

3. 收集相关信息和知识

收集相关信息和知识是创新过程中不可或缺的一环,它不仅仅局限于已有的文献或数据,还包括对市场、用户、竞争对手等多方面的深入了解。这一过程需要运用多种方法和工具,如市场调研、用户访谈、数据分析等,以确保信息的全面性和准确性。收集到的信息将成为创意产生和构思的重要依据,帮助个体或团队更好地把握问题的本质和需求。

4. 创意产生与构思

在充分了解了问题和相关信息之后,接下来是创意的产生与构思,这一环节要求个体或团队具备丰富的想象力和创造力,能够打破传统的思维定式,从不同的角度和层面去思考和解决问题。创意的产生可能是一个灵光一闪的瞬间,也可能是一个长期思考和探索的过程。构思则是对创意进行进一步的细化和完善,将其转化为具体的解决方案或改进方案,为后续的实施和评估提供明确的指导。

(二)创新机制

1. 激励与动机机制

激励与动机机制是创新过程中的重要驱动力,通过设立明确的奖励制度,可以激发个体或团队的创新热情和积极性。这种奖励不仅仅局限于物质层面,还可以包括精神层面的认可和赞誉。同时,提供内在动机,如追求个人成长、实现自我价值等,也能有效促进创新思维的产生和发展。一个良好的激励与动机机制能够让个体或团队更加主动地投入到创新活动中,不断追求突破和进步。

2. 资源与支持机制

创新需要充足的资源和支持作为保障,包括资金、人才、技术等多方面的资源投入。一个完善的资源与支持机制能够确保创新活动在需要时得到及时的资源补充和支持,避免因资源匮乏而导致的创新中断或失败。同时,提供专业的指导和支持,如培训、咨询等,也能够帮助个体或团队更好地应对创新过程中的挑战和困难,提高创新的成功率。

3. 沟通与协作机制

创新往往需要一个开放、包容的沟通与协作环境,建立良好的沟通渠道,促进信息的自由流动和共享,能够让个体或团队更加及时地了解到最新的创新动态和进展,避免重复劳动和资源浪费。同时,鼓励跨部门、跨领域的协作,打破传统的组织界限和思维定式,也能够激发更多的创新灵感和可能性。一个有效的沟通与协作机制能够让创新活动更加顺畅地进行,提高创新的效率和质量。

4. 学习与成长机制

创新是一个不断学习和成长的过程,提供丰富的学习机会和资源,如培训课程、研讨会等,能够帮助个体或团队不断充实自己的知识和技能储备,提高创新的能力和水平。同时,鼓励从失败中学习,将失败视为成长的机会和动力,也能够让个体或团队更加勇敢地面对创新过程中的挑战和困难。一个完善的学习与成长机制能够让个体或团队在创新过程中不断进步和成长,为未来的创新活动奠定更加坚实的基础。

5. 文化与环境机制

创新需要一个有利于创新的文化和环境作为支撑,营造开放、包容的创新文化,鼓励个体或团队敢于尝试、敢于突破,能够让创新活动更加自由地进行。同时,创造一个有利于创新的工作环境,如提供灵活的工作时间、舒适的工作空间等,也能够激发个体或团队的创新潜能和创造力。一个良好的文化与环境机制能够让创新成为组织或社会的一种常态和习惯,推动整个组织或社会的持续进步和发展。

三、思维创新的影响因素

(一)个体因素

1. 知识与经验

个体的知识储备和经验积累对其创新思维具有深远而重要的

影响,一个拥有丰富知识和深厚经验积累的个体,在面对问题时,能够调动更多的认知资源和信息,从而为其创新思维提供充足的素材和灵感。这样的个体不仅能够从传统的角度审视问题,还能够跨越学科和领域的界限,从不同角度、不同层面进行深入的思考和探索。他们的思维更加灵活多变,能够轻易地跨越思维定式的束缚,发现问题的新颖解决方案。同时,丰富的知识和经验也使个体在解决问题时更加自信和从容,他们敢于尝试新的方法和思路,不怕失败,因为每一次的尝试都是对他们知识和经验的一次检验和提升。因此,个体的知识储备和经验积累是其创新思维不可或缺的基石。

2. 认知风格与思维方式

个体的认知风格和思维方式在创新过程中扮演着至关重要的角色,那些具备开放性、灵活性和多元性思维方式的个体,往往能够展现出更强的创新能力。他们不受传统思维框架的束缚,乐于接受新观念、新思想,能够以一种更加宽广的视野去审视问题,从而发现更多创新的可能性。同时,他们的思维方式也更加灵活多变,能够迅速适应不同的情境和挑战,从不同的角度和层面去思考和解决问题。这种多元性的思维方式不仅为他们提供了更多的创新路径,也使得他们在面对复杂问题时能够找到更加全面、更加有效的解决方案。因此,具备开放性、灵活性和多元性思维方式的个体,在创新过程中往往能够展现出更强的创造力和创新能力,也更容易产生创新性的想法和解决方案。

3. 动机与态度

个体的动机和态度在创新思维的产生和发展过程中起着至关

重要的作用,一个拥有积极动机和态度的个体,对于创新活动往往充满热情和动力。他们不仅愿意主动尝试新事物,探索未知的领域,还能够在面对困难和挑战时保持坚定的信念和乐观的心态。这种积极的动机和态度能够激发个体的内在潜能,使其更加专注于创新思维的产生和发展。同时,他们还能够在创新过程中不断寻求反馈和学习,以不断完善和提升自己的创新能力。因此,积极的动机和态度是个体创新思维发展的重要推动力,它们能够激发个体的创新热情,使其更加主动地投入到创新活动中,不断探索新的可能性和解决方案,为个体和组织带来更大的创新价值。

4. 情绪与情感

个体的情绪和情感状态对其创新思维具有显著的影响,当个体处于积极的情绪和情感状态时,他们的思维更加活跃,创造力也相应增强。这种状态下,他们更愿意尝试新的想法和方法,对问题有更深入的思考,从而更容易产生创新的解决方案。相反,当个体处于消极的情绪和情感状态时,他们的思维往往变得迟钝,对问题的思考也更为局限,这往往会抑制创新思维的产生。因此,为了促进个体的创新思维,需要关注并调整其情绪和情感状态,尽量保持积极乐观的心态。这不仅有助于个体在面对问题时能够保持冷静和理性,还能够激发他们的内在潜能,使其更加积极地投入到创新活动中,为个体和组织带来更多的创新成果和发展机遇。

(二)环境因素

1. 组织文化与氛围

组织文化和氛围作为个体所处环境的重要组成部分,对个体的创新思维产生着深远的影响。一个鼓励创新、支持尝试和容忍失败的组织文化和氛围，能够为个体提供一个安全、自由的心理环境，使其敢于表达新颖的观点，勇于尝试不同的方法。在这样的文化和氛围中，个体不会因为失败而受到指责或惩罚，反而会因为勇于尝试和创新而受到鼓励和赞赏。这种正面的激励和支持能够极大地激发个体的创新潜能，促使其更加积极地投入到创新活动中。同时，这样的组织文化和氛围还能够促进个体之间的交流和合作，共同探索新的想法和解决方案，从而进一步推动创新思维的产生和发展。因此，一个鼓励创新、支持尝试和容忍失败的组织文化和氛围，是个体创新思维得以充分展现和发展的重要保障。

2. 资源与支持

组织提供的资源和支持在个体创新思维的发展过程中起着举足轻重的作用，当组织为个体提供充足的资源和支持时，这意味着个体在创新过程中拥有更多的工具和手段，能够更自由地探索和尝试新的想法和方法。资源的丰富性不仅拓宽了个体创新的视野，还为其提供了更多实现创新想法的可能性。同时，组织的支持，包括资金、时间、人力等方面的投入，能够让个体感受到组织对创新的重视和认可，从而增强其创新的信心和动力。这种信心和动力的增强，使得个体在面对创新挑战时更加坚定和果敢，更愿意持续投入精力去探索和创新。因此，组织提供的充足资源和支持，是个体创新思维得以蓬勃发展不可或缺的重要因素，它们为个体创新提供了坚实的物质基础和强大的精神支柱。

3. 团队构成与互动

团队的构成和互动方式对个体的创新思维具有显著影响，一个多元化、开放性和协作性的团队,能够为个体提供一个充满活力和创意的工作环境。在这样的团队中,成员来自不同的背景和专业领域,他们各自拥有独特的知识和经验,能够为团队带来多样化的思维方式和观点。这种多元化的构成促进了团队内的知识共享和跨界合作,为个体提供了更多创新的灵感和思路。同时,开放性的团队氛围鼓励成员自由表达想法,敢于挑战传统观念,这进一步激发了个体的创新思维。而协作性的工作方式则促进了团队成员之间的紧密合作和相互支持,共同面对创新挑战,实现创新目标。因此,一个多元化、开放性和协作性的团队,能够为个体提供更多创新的机遇和平台,促进其创新思维的不断产生和发展。

4.外部环境与挑战

外部环境中的挑战和机遇对个体的创新思维具有重要影响,面对不断变化的外部环境,个体需要不断创新以适应和应对各种挑战和机遇。这种需求激发了个体的创新思维,使其不断探索新的解决方案和应对策略。挑战促使个体跳出传统的思维框架,寻找更加高效和创新的方法来解决问题。而机遇则为个体提供了展示创新能力的平台,鼓励其尝试新的想法和方法,以实现更大的价值。在应对挑战和抓住机遇的过程中,个体不断学习和成长,其创新思维也得到了锻炼和提升。因此,外部环境中的挑战和机遇是个体创新思维发展的重要驱动力,它们促使个体保持敏锐的洞察力和灵活的应变能力,不断推动其创新思维的产生和发展。

第三章 数学教学与思维创新的关联性

第一节 大学数学教学中的思维创新需求

一、传统大学数学教学的局限性

(一)教学内容与方法的滞后性

1. 教学内容与现代科技发展的脱节

在传统大学数学教学中,教学内容往往固定且更新缓慢,这与现代科技的快速发展形成了鲜明的对比。随着科技的不断进步,新的数学理论和应用不断涌现,然而,传统的教学内容往往无法及时反映这些新的进展。这种滞后性不仅使学生无法接触到最新的数学知识,也限制了他们创新思维的培养。在现代科技领域,如人工智能、大数据、云计算等,都需要深厚的数学基础作为支撑。然而,如果大学数学教学内容不能及时跟上这些领域的发展,学生就会错过将这些数学知识应用于实际问题的机会,从而无法充分发挥他们的创新思维和潜力。

2. 教学方法的单一与僵化

传统大学数学教学方法往往以课堂讲授为主,缺乏多样性和灵活性。这种单一且僵化的教学方法往往使学生处于被动接受知识的状态,无法充分发挥他们的主动性和创造性。在这种教学方法下,教师往往过分依赖教材,按照固定的教学计划和步骤进行教学,忽视了学生的个体差异和兴趣培养。这种缺乏启发式、探究式教学的方式不仅无法激发学生的学习兴趣和动力,也难以培养他们的创新思维和解决问题的能力。此外,由于教学方法的僵化,学生往往缺乏与教师和其他同学之间的互动和交流,这进一步限制了他们创新思维的发展。在现代教育中,教学方法的多样性和灵活性被认为是培养学生创新思维的关键因素之一。因此,传统大学数学教学方法的单一与僵化无疑成为限制学生创新思维发展的一个重要因素。

(二)对学生创新思维培养的忽视

1. 过分注重知识传授,忽视思维训练

在传统大学数学教学中,往往存在一个明显的倾向,即过分注重数学知识的传授,而忽视了对学生思维能力的培养。这种教学模式下,教师往往将重点放在数学定理、公式的讲解和证明上,要求学生通过记忆和重复来掌握这些知识。然而,这种教学方式忽略了一个重要的事实:数学不仅仅是一堆定理和公式的堆砌,更是一种思维方式和解决问题的能力。由于过分注重知识传授,学生的独立思考能力往往得不到充分的锻炼。他们可能能够熟练地运用所学的数学知识解决一些标准的问题,但面对实际生活中的复杂问题时,却往往束手无策。这是因为他们的思维没有得到足够的训练,无法灵活运用数学知识进行创新性的思考。

2. 缺乏实践应用环节,难以转化创新能力

另一个导致传统大学数学教学忽视学生创新思维培养的问题是缺乏实践应用环节,在数学教学中,理论与实践往往被割裂开来,学生虽然学习了大量的数学知识,但却很少有机会将这些知识应用于实际问题的解决中。这种理论与实践的脱节使得学生的创新能力难以得到转化和提升。即使学生在理论上掌握了一些创新的数学方法或思路,但由于缺乏实践的机会,他们很难将这些理论转化为实际的创新成果。这不仅限制了学生创新能力的发展,也使得他们无法充分体验到数学学习的乐趣和价值。因此,为了培养学生的创新思维,大学数学教学需要更加注重实践应用环节的设置和实施。

(三)教师角色与素养的局限性

1. 教师角色定位的传统性

在传统大学数学教学中,教师的角色往往被定位为知识的传授者,他们负责将数学知识系统地传授给学生,并确保学生能够掌握所学的内容。然而,这种传统的角色定位过于单一,忽视了教师在培养学生创新思维方面的重要作用。在这种角色定位下,教师往往注重知识的灌输,而忽视了对学生独立思考、问题解决和创新能力的培养。他们可能更关注学生对数学定理、公式的掌握程度,而较少关注学生的创新思维和实际应用能力。这种传统的角色定位限制了教师在教学中的创造性和灵活性,也使得学生难以在数学学习中获得更全面的发展。

2. 教师素养与培训的不足

除了角色定位的传统性外,教师素养与培训的不足也是限制大学数学教学创新思维培养的重要因素。在现代教育中,教师不仅需要具备扎实的专业知识,还需要具备广泛的教育学、心理学等相关知识,以及不断学习和更新的能力。然而,在现实情况中,部分大学数学教师可能缺乏前沿的数学知识和跨学科视野,难以将最新的数学理论和应用引入教学中。此外,他们在教育学、心理学等方面的知识也可能相对匮乏,难以运用先进的教学方法和手段来激发学生的学习兴趣和创新思维。这些素养的不足直接影响了教师在教学中的表现和效果,也限制了学生创新思维的培养和发展。因此,为了提升大学数学教学的创新思维培养能力,需要加强教师的培训和发展。学校和相关机构可以定期组织教师参加前沿数学知识的研讨会、工作坊等活动,提升他们的专业素养和跨学科视野。同时,还可以加强对教师在教育学、心理学等方面的培训,帮助他们掌握更多先进的教学方法和手段,以更好地激发学生的创新思维和潜力。

二、思维创新在大学数学教学中的核心地位

(一)思维创新:大学数学教学的灵魂与目标

1. 思维创新是大学数学教学的核心理念

在大学数学教学中,思维创新被赋予了极高的地位,被视为教学的核心理念,这一理念突破了传统的知识传授模式的束缚,将焦点从单纯的知识积累转向了对学生独立思考和问题解决能力的培养。它深刻地认识到,数学教学并非仅仅是为了让学生掌握数学知识和技能,更深远的意义在于,通过数学的学习,激发学生的创新思维,培养他们的创新能力。因此,大学数学教学应当致力于创造一个积极的学习环境,引导学生主动探索数学问题,鼓励他们不畏艰难,勇于挑战传统观念,提出新的观点和解决方法。在这样的教学过程中,学生不仅能够深入理解数学知识,更能在不断的探索和实践中,逐渐培养出独特的创新思维和独立的思考能力。这种以思维创新为核心的教学理念,不仅有助于提升学生的数学素养,更为他们未来的学术研究和职业发展奠定了坚实的基础,使他们在面对复杂问题时,能够灵活运用数学知识,提出创新的解决方案,成为具有创新精神和实践能力的高素质人才。

2. 思维创新作为大学数学教学的重要目标

除了作为核心理念,思维创新也占据着大学数学教学重要目标的地位,大学数学教学的目标不仅仅局限于让学生系统地掌握数学知识和技能,更在于通过这一学科的学习与训练,深入挖掘并

培养学生的创新思维和创新能力。这一目标的设定,对教师的教学方法提出了新的要求。在教学过程中,教师不仅要注重数学知识的传授,确保学生建立起坚实的数学基础,更要将思维训练和创新能力的培养融入每一个环节之中。这意味着,教师需要设计富有启发性的教学活动,鼓励学生跳出传统的思维框架,勇于探索新的数学问题和解决方法。通过这样的教学实践,学生将不仅仅学会如何运用数学知识去解决既定的问题,更将具备灵活运用数学知识,面对实际生活中复杂问题时能够提出创新解决方案的能力。这样的教学目标,旨在培养出既拥有扎实数学基础,又具备创新思维和创新能力的学生,使他们能够更好地适应未来社会的需求和发展,成为推动社会进步和创新的重要力量。

(二)思维创新在大学数学教学中的实施策略

1.教学内容与方法的创新

为了在大学数学教学中有效实施思维创新,教学内容与方法的持续创新显得尤为重要。这要求大学数学教学必须紧跟时代发展的步伐,积极引入前沿的数学知识和跨学科的内容,以此丰富和完善数学教学体系。通过这样的方式,学生将有机会接触到最新的数学理论和应用,从而拓宽他们的学术视野,增强他们对数学学科的兴趣和热爱。与此同时,教学方法的革新也是实施思维创新的关键一环。传统的讲授式教学往往侧重于知识的灌输,而忽视了学生的主动性和创造性。因此,大学数学教学需要向启发式、探究式教学转变,鼓励学生从被动接受转为主动思考和探索。在这样的教学环境中,学生将被赋予更多的自主权,他们可以自由地提出问题、进行假设,并通过实践来验证自己的想法。这种教学方法的革新将有助于激发学生的创新思维,培养他们的问题解决能力。通过不断创新教学内容与方法,大学数学教学将能够更加有效地提升学生的创新思维和问题解决能力,为他们未来的学术研究和职业发展奠定坚实的基础。

2. 实践教学与项目驱动的结合

实践教学在培养学生创新思维的过程中扮演着举足轻重的角色,尤其是在大学数学教学中。为了有效锻炼学生的创新能力,大学数学教学应当特别注重强化实践教学环节。这意味着要让学生通过实际操作和亲身体验,去解决实际数学问题,从而在实践中培养他们的创新思维和解决问题的能力。除此之外,项目驱动的教学方法也是一个值得推崇的策略。通过引导学生参与实际项目,让他们亲身体验到数学知识在实际问题解决中的应用,可以极大地激发他们的学习兴趣和创新动力。在这种教学方法下,学生不再只是被动地接受知识,而是成为知识的主动探索者和应用者。他们需要将所学的数学知识运用到实际项目中,通过不断的尝试和实践,找到解决问题的最佳方案。这种实践教学与项目驱动的结合,不仅可以帮助学生更好地理解和应用数学知识,更重要的是,它能够在实践中不断锤炼和提升学生的创新思维和实际操作能力,为他们未来的学术研究和职业发展打下坚实的基础。

3. 教师角色与素养的提升

教师在大学数学教学中扮演着至关重要的角色,是引导学生走向知识殿堂的钥匙,更是培养他们创新思维的重要推手。为了在大学数学教学中有效实施思维创新,教师需积极转变角色,从传统的知识传授者转变为学生创新思维培养的引导者和启发者。这一转变对教师提出了更高的要求,他们需要具备深厚的专业素养,同时拥有强烈的创新能力培养意识,能够巧妙地引导学生主动思考、积极探索,并勇于创新。为了实现这一目标,加强教师的培训和发展显得尤为重要。通过系统的培训,教师可以不断提升自身的专业素养,深化对创新能力培养的理解,从而更好地在教学中实施思维创新策略。同时,教师也应保持开放的心态,积极拥抱变化,不断更新自己的知识储备和教学方法,以适应日益变化的教育环境和学生需求。

三、大学数学教学中思维创新的具体需求

(一)教学内容层面的需求

1. 引入前沿数学知识,丰富教学内容

在大学数学教学中,为了培养学生的创新思维,教学内容需要不断更新和丰富,意味着要将前沿的数学知识引入课堂,使学生有机会接触到数学学科的最新进展和研究成果。通过引入前沿的数学知识,可以拓宽学生的学术视野,让他们了解到数学在实际应用中的广泛性和重要性。同时,前沿数学知识的引入也可以激发学生的学习兴趣,使他们更加主动地投入到数学学习中。为了实现这一目标,教师需要不断关注数学学科的发展动态,及时更新自己

的知识储备,并将最新的数学知识和应用案例融入教学中。此外,学校也可以定期邀请数学领域的专家学者来校讲座,让学生有机会与专家学者交流,了解数学学科的最新动态和发展趋势。

2. 设计启发性问题,激发学生思考

在大学数学教学中,设计启发性问题是培养学生创新思维的重要手段,启发性问题可以引导学生深入思考,激发他们的探索欲望和创新精神。通过构造具有挑战性的问题,教师可以引导学生主动探究数学原理和规律,培养他们的独立思考和问题解决能力。同时,鼓励学生提出自己的问题和猜想也是培养创新思维的重要环节。教师可以设置一些开放性的问题,让学生自由发挥,提出自己的见解和猜想。在这样的教学环境中,学生可以充分发挥自己的想象力和创造力,不断尝试和探索新的数学知识和应用。为了设计更具启发性的问题,教师需要深入了解学生的学习需求和兴趣点,结合数学学科的特点和实际应用场景,构造出具有挑战性和趣味性的问题。同时,教师也需要不断反思和总结自己的教学经验,不断优化和改进问题的设计方式和方法。通过这样的教学实践,教师可以有效地激发学生的创新思维和探索精神,培养他们的独立思考和问题解决能力。

(二) 教学方法层面的需求

1. 实施启发式和探究式教学

在大学数学教学中,为了培养学生的创新思维,实施启发式和探究式教学显得尤为重要。启发式教学强调通过教师的引导和启发,让学生主动思考、探索和发现数学知识,从而培养他们的独立思考和问题解决能力。在这种教学模式下,教师需要设计具有启发性的问题,引导学生深入思考,并通过小组讨论、案例分析等方式,让学生主动参与到数学知识的探究过程中。同时,探究式教学也是培养学生创新思维的有效手段,在探究式教学中,教师需要提供充足的探究时间和空间,鼓励学生自由发挥,提出自己的见解和解决方案。通过这样的教学实践,学生可以逐渐培养出独立思考、勇于探索和创新的精神。

2. 利用现代技术手段,创新教学方式

随着信息技术的不断发展,现代技术手段在大学数学教学中的应用也越来越广泛,利用现代技术手段,教师可以创新教学方式,丰富教学手段,从而提高教学效果和培养学生的创新思维。例如,教师可以借助数学软件、在线课程等资源,为学生提供更加生动、形象的教学内容和实例。通过数学软件的应用,学生可以更加直观地理解和掌握数学知识,同时也可以通过软件的模拟和实验功能,进行更加深入的探究和学习。此外,教师还可以利用多媒体技术和网络技术,提高教学的互动性和趣味性。通过网络教学平台、在线作业和测试等方式,教师可以更加及时地了解学生的学习情况和问题,并进行有针对性的指导和帮助。同时,多媒体技术的应用也可以让教学更加生动有趣,激发学生的学习兴趣和积极性。通过这样的教学实践,教师可以有效地利用现代技术手段创新教学方式,培养学生的创新思维和实践能力。

(三) 教师素养层面的需求

1. 提升教师专业素养和创新能力

在大学数学教学中,教师的专业素养和创新能力是培养学生创新思维的关键因素,为了提升教师的专业素养,学校需要定期组织教师培训,使教师能够不断更新数学知识,掌握最新的数学教学理念和方法。教师在教学过程中就能更好地引导学生探索数学问题,激发他们的创新思维。通过不断提升教师的专业素养和创新能力,教师将能够更好地应对大学数学教学中的挑战,为培养学生的创新思维提供有力的支持。

2. 培养教师的创新思维和教学理念

在大学数学教学中,教师的创新思维和教学理念对于培养学生的创新思维具有重要影响。为了培养教师的创新思维,学校需要鼓励教师勇于尝试新的教学方法和手段,不断探索适合学生发展的教学模式。为了实现这一目标,学校可以定期组织教学研讨会和经验交流活动,让教师分享自己的教学经验和创新成果,相互学习和借鉴。同时,鼓励教师参与课程改革和教学研究项目,通过实践探索和创新,不断更新教学理念和方法。通过这样的方式,教师可以逐渐培养出具有创新思维和教学理念的人才,为大学数学教学注入新的活力和动力。

表 3-1　大学数学教学中思维创新的具体需求

层面	需求点	描述
教学内容	引入前沿数学知识	不断更新和丰富教学内容,引入前沿数学知识,拓宽学生学术视野,激发学习兴趣
	设计启发性问题	设计具有挑战性和趣味性的问题,引导学生深入思考,激发探索欲望和创新精神
教学方法	实施启发式和探究式教学	通过教师的引导和启发,让学生主动思考、探索和发现数学知识;让学生参与到实际问题的探究和解决过程中
	利用现代技术手段	借助数学软件、在线课程等资源,创新教学方式,丰富教学手段,提高教学效果
教师素养	提升专业素养和创新能力	定期组织教师培训,鼓励参与科研项目和学术交流,提升学术水平和创新能力
	培养创新思维和教学理念	鼓励教师尝试新的教学方法和手段,树立以学生为中心的教学理念,营造宽松、自由的学习氛围

四、培养大学生数学创新思维的策略

(一)优化教学内容与方法

1. 引入前沿数学知识与跨学科内容

在培养大学生数学创新思维的过程中,优化教学内容是关键,为了拓宽学生的学术视野,需要引入前沿的数学知识,使学生了解到数学学科的最新进展和研究成果。这不仅可以激发学生的学习兴趣,还能让他们感受到数学在实际应用中的广泛性和重要性。

同时,跨学科内容的引入也是必不可少的。通过将数学与其他学科相结合,可以帮助学生更好地理解数学的应用价值,培养他们的综合运用能力和创新思维。例如,可以结合物理学、经济学、计算机科学等领域的实际问题,引导学生运用数学知识进行解决,从而培养他们的跨学科思维和创新意识。

2. 实施启发式与探究式教学

教学方法的优化对于培养大学生的数学创新思维同样重要,启发式与探究式教学是两种有效的教学方法,可以帮助学生主动思考、积极探索,并培养他们的创新思维和问题解决能力。启发式教学强调教师的引导和启发作用,通过设计具有启发性的问题,引导学生深入思考、主动探索,从而发现数学知识和原理。这种教学方法可以激发学生的好奇心和求知欲,培养他们的独立思考和创新能力,而探究式教学则更加注重学生的主体性和实践性。

(二)强化实践教学环节

1. 增加实践操作与问题解决训练

在培养大学生数学创新思维的过程中,强化实践教学环节至关重要,增加实践操作训练可以让学生亲身体验数学的应用,通过动手实践来加深对数学概念和原理的理解。例如,可以引入数学软件工具,让学生学习如何利用这些工具进行数学计算和模拟,从而提升他们的实践能力。同时,问题解决训练也是不可或缺的一部分。通过设置实际问题情境,引导学生运用数学知识进行分析和解决,可以培养他们的创新思维和问题解决能力。这种训练方式能够让学生更好地将理论知识与实际相结合,提高他们的应用能力。

2. 开展数学建模与科研项目

数学建模和科研项目是培养大学生数学创新思维的有效途径,数学建模是将实际问题转化为数学问题,并运用数学方法进行求解的过程。通过参与数学建模活动,学生可以锻炼自己的数学建模能力,学会如何将复杂的实际问题抽象化、简化,并运用数学工具进行求解。这种训练方式能够培养学生的创新思维和实际应用能力。同时,鼓励学生参与科研项目也是培养创新思维的重要方式。通过参与科研项目,学生可以接触到前沿的数学问题,了解数学研究的最新进展。在科研过程中,学生需要自主思考、设计实验方案、分析数据并得出结论,这一系列过程都能够锻炼他们的创新思维和科研能力。因此,开展数学建模和科研项目对于培养大学生的数学创新思维具有重要意义。

(三)提升教师创新素养与教学能力

1. 加强教师专业发展与培训

在培养大学生数学创新思维的过程中,教师的专业素养和教学能力起着至关重要的作用。为了提升教师的创新素养,必须加强他们的专业发展与培训。这包括定期组织数学教学研讨会,让教师们分享创新的教学经验和方法,相互学习和借鉴。同时,鼓励教师参与国内外的学术交流活动,与同行们进行深入的学术探讨,拓宽他们的学术视野。此外,学校还可以为教师提供专门的培训课程,帮助他们更新数学知识,掌握最新的数学教学理念和方法。通过这些措施,教师可以不断提升自己的专业素养,更好地应对大学数学教学中的挑战。

2. 培养教师的创新思维与教学理念

除了专业素养的提升,教师的创新思维和教学理念也是培养大学生数学创新思维的关键因素。为了培养教师的创新思维,学校可以鼓励他们尝试新的教学方法和手段,如翻转课堂、混合式教学等,打破传统的教学模式,激发学生的学习兴趣和创新思维。在这样的教学环境中,学生可以更加自由地发挥自己的想象力和创造力,培养创新思维和问题解决能力。为了实现这一目标,学校可以定期组织教学理念研讨会,让教师们分享自己的教学心得和体会,共同探讨如何更好地培养学生的创新思维。

(四)营造创新氛围与激励机制

1. 创建开放、包容的学习环境

在培养大学生数学创新思维的过程中,营造一个开放、包容的学习环境是至关重要的,这样的环境能够鼓励学生自由思考、勇于探索,不怕犯错,因为错误往往是创新的起点。为了实现这一目标,学校需要提供一个多元化的学习平台,让学生可以接触到不同领域的数学知识和应用案例,从而拓宽他们的视野。同时,教师也应该在课堂上鼓励学生提出自己的观点和想法,即使这些想法与传统观念有所不同,也应该得到尊重和探讨。此外,学校还可以组织各种形式的学术交流和讨论活动,让学生有机会与同行、专家进行互动,进一步激发他们的创新思维。

2. 设立创新奖励机制

除了创建开放、包容的学习环境外,设立创新奖励机制也是培养大学生数学创新思维的重要手段。通过设立奖励机制,可以激励学生积极参与创新活动,如数学建模竞赛、科研项目等,并对于在这些活动中表现突出的学生给予一定的奖励和认可。这种奖励机制不仅可以激发学生的创新热情,还可以增强他们的自信心和成就感,从而进一步推动他们在数学领域进行更深入的探索和创新。同时,学校还可以通过宣传和推广这些创新成果,让更多的学生了解到创新的价值和意义,从而形成一个良好的创新氛围。

第二节　大学数学教学中的思维创新体现

一、问题解决与创造性思维

(一)逆向思维与非常规解法

逆向思维与非常规解法是大学数学教学中培养学生思维创新的重要策略,这种教学方法鼓励学生从问题的反面或对立面入手,颠覆常规的解题路径,以此突破传统思维的束缚和定势。在具体实践中,教师可以通过设计具有挑战性的问题,引导学生尝试逆向思考,即从结论出发反向推导,或者从问题的对立面寻找突破口。这种方法不仅能够帮助学生发现新的问题解决视角,还能够激发他们的创造力和探索精神。通过不断的练习和实践,学生能够逐渐掌握逆向思维的技巧,学会在面临复杂问题时,跳出常规的思维框架,寻找更加高效、简洁的解题路径。此外,逆向思维与非常规解法的应用还能够培养学生的独立思考能力和问题解决能力,使他们在面对未知和挑战时更加从容不迫。总之,逆向思维与非常规解法在大学数学教学中的应用,为学生提供了一个全新的思维训练平台,有助于他们在学术研究和实际应用中展现出更强的创新思维和竞争力。

(二)一题多解与思维发散

一题多解与思维发散是大学数学教学中促进学生思维创新的有效手段,这种方法强调鼓励学生从多个不同的角度审视同一问题,积极探索并提出多样化的解决方案。通过这种训练,学生不仅可以更全面地理解问题,还能够培养思维的灵活性和发散性。在实践中,教师可以设计具有开放性的问题,鼓励学生尝试不同的解题思路和方法,引导他们发现问题背后的多种可能性。这种教学方法有助于打破学生固有的思维定式,激发他们的创造力和想象力。同时,一题多解的训练还能够增强学生的问题解决能力,使他们在面对复杂问题时能够更加游刃有余。通过不断的练习和实践,学生能够逐渐学会如何在不同的情境下灵活运用所学知识,提出创新的解决方案。总之,一题多解与思维发散的教学策略在大学数学教学中的应用,不仅能够提升学生的数学素养,还能够培养他们的创新思维和综合能力,为他们在未来的学术研究和实际应用中打下坚实的基础。

(三) 实际问题抽象化

实际问题抽象化是大学数学教学中一种富有成效的教学策略,其核心在于将现实生活中的复杂问题提炼并转化为数学问题,以此培养学生的数学建模能力和理论与实践相结合的能力。这种方法鼓励学生深入观察和分析现实世界的现象,从中抽象出数学模型,进而运用数学知识进行求解。通过这样的训练,学生不仅能够掌握数学理论,还能够学会如何将其应用于解决实际问题,从而加深对数学价值的认识。教师可以选取与学生生活紧密相关的问题作为案例,引导学生分析问题的数学结构,建立相应的数学模型,并通过计算和推理得出解决方案。这一过程不仅能够锻炼学生的数学建模技巧,还能够培养他们的逻辑思维和创新能力。此外,实际问题抽象化的教学方法还有助于提升学生的学习兴趣和动力,因为他们能够直观地看到数学知识在现实生活中的应用价值。总之,通过实际问题抽象化的教学策略,大学数学教学能够更好地实现理论与实践的有机结合,为学生的全面发展和未来职业生涯奠定坚实的基础。

二、证明推理与逻辑创新

(一) 逻辑严密性的培养

逻辑严密性的培养在大学数学教学中占据着举足轻重的地位,在证明过程中,特别强调逻辑推理的严密性,旨在引导学生逐步形成严谨的数学思维习惯。这一培养目标要求学生在进行数学证明时,不仅要注重结论的正确性,更要关注推理过程的每一步是否都基于严格的逻辑依据。为了实现这一目标,教师需要在教学过程中以身作则,展示严密的逻辑推理过程,并鼓励学生模仿和练习。同时,教师还可以设计一些具有挑战性的证明题目,让学生在尝试解答的过程中,深刻体会到逻辑推理的重要性。通过这样的训练,学生将逐渐学会如何运用已知条件和数学定理,进行严谨的逻辑推导,从而得出正确的结论。此外,逻辑严密性的培养还有助于提升学生的批判性思维能力,使他们能够更加准确地识别和纠正错误的推理。总之,通过强调逻辑推理的严密性,大学数学教学不仅能够帮助学生建立严谨的数学思维习惯,还能够为他们在未来的学术研究和实际应用提供坚实的逻辑基础。

(二)巧妙推理与策略性证明

在数学学习中,巧妙推理与策略性证明是提升解题能力和思维深度的重要途径,它要求学生不仅仅满足于找到问题的答案,更要追求解题过程中的简洁性和高效性,从而让证明过程成为一种艺术。为了实现这一目标,学生需要培养对问题的敏锐洞察力,学会从多个角度审视问题,寻找隐藏在数学结构中的规律和模式。在探索证明方法时,学生可以尝试运用反证法、归纳法、构造法等巧妙的推理策略,这些策略往往能揭示出数学问题的本质,使复杂的证明变得简洁明了。同时,学生也应该注重策略的选择与优化,比较不同证明方法的优劣,选择最为高效和直观的一种进行展示。通过不断的练习和反思,学生可以逐渐掌握策略性证明的技巧,提高证明的艺术性。这种能力的提升不仅有助于学生在数学学习中取得更好的成绩,更能培养他们的创新思维和解决问题的能力,为他们未来的学术研究和职业发展打下坚实的基础。

(三)定理与公式的创新性应用

在数学学习中,定理与公式的创新性应用是展现学生数学思维和创新能力的重要方面。它要求学生不仅掌握定理和公式的基本内容和应用方法,还要能够在解决复杂问题时,灵活运用这些数学知识,展现出独特的创新思维。为了实现这一目标,学生需要培养对定理和公式的深入理解,掌握它们的推导过程和内在逻辑。在面对复杂问题时,学生应该尝试从多个角度思考,探索不同的解题思路,并灵活运用所学的定理和公式进行求解。这种灵活性的培养,需要学生具备扎实的数学基础和敏锐的问题洞察力。在创新性应用定理和公式的过程中,学生可能会遇到各种挑战和困难。这时,他们需要充分发挥自己的创新思维,尝试不同的方法和策略,寻找问题的突破口。通过不断的尝试和实践,学生可以逐渐掌握创新性应用定理和公式的技巧,提高自己的数学证明能力。

三、课程内容与教学方法的创新

(一)前沿知识融入教学

在数学教学中,将最新的数学研究成果和前沿知识融入课程内容,是拓宽学生知识视野、激发创新思维的重要举措。这一做法旨在打破传统教学的界限,使学生不仅仅局限于学习经典的数学理论和方法,而是能够接触到数学领域的最新进展,从而培养他们的前瞻性和探索精神。为了实现这一目标,教师需要不断更新自己的知识体系,关注数学领域的最新研究动态,将那些具有启发性和创新性的成果引入课堂中。通过这些前沿知识的介绍,学生可以了解到数学在实际应用中的广泛性和深刻性,从而激发他们对数学的兴趣和好奇心。同时,前沿知识的融入也可以为学生提供更多的思考问题和解决问题的视角。学生可以从最新的研究成果中获得灵感,尝试运用新的方法和思路去攻克传统的数学问题,或者在新的数学领域中寻找创新的机会。

(二)混合式学习模式

在数学教学中,采用混合式学习模式,结合线上与线下教学的优势,设计以学生自主探索为中心的混合式学习活动,是提升课堂参与度和学习兴趣的有效策略。这一模式打破了传统课堂教学的单一形式,通过线上资源的丰富性和线下互动的实践性,为学生创造了更加多元化、个性化的学习环境。在混合式学习活动中,学生可以利用线上平台进行自主预习、复习和拓展学习,根据自己的学习进度和理解程度,灵活调整学习内容。同时,线下课堂则成为师生互动、合作探究的重要场所,教师可以通过组织小组讨论、项目实践等活动,引导学生深入探索数学问题,培养他们的思维能力和解决问题的能力。混合式学习模式还强调学生的主动参与和自主学习,鼓励他们在实际操作中发现问题、解决问题,从而加深对数学知识的理解和应用。这种以学生为中心的学习方式,不仅提高了学生的学习兴趣和积极性,还培养了他们的自主学习能力和终身学习的习惯。

(三)项目化实践教学

在数学教学中,实施项目化实践教学活动是一种有效的教学策略,旨在引导学生主动探索数学知识的应用,同时培养他们的实践创新能力和团队合作精神。这种教学模式以学生为中心,鼓励他们通过参与实际项目,将所学的数学知识应用于解决实际问题中。在项目化实践教学活动中,学生可以自主选择或由教师指定具有挑战性的数学项目,这些项目通常涉及数学建模、数据分析、算法设计等实际应用场景。学生需要组建团队,共同制订项目计划,分工合作,进行资料搜集、数据分析、模型构建和结果呈现等一系列实践活动。通过这样的项目化学习,学生不仅能够加深对数学知识的理解,还能在实践中锻炼创新思维和解决问题的能力。同时,团队合作的过程也培养了学生的沟通协调能力和团队协作精神。

四、数学审美与直觉思维

(一)数学美感的挖掘

在数学教学中,挖掘数学概念、公式和图形中蕴含的美感,是培养学生数学审美观念、激发直觉思维的重要途径。数学并非仅仅是冷冰冰的逻辑与计算,其背后隐藏着丰富的美学价值。例如,数学概念的精练与深刻,公式的对称与均衡,图形的和谐与美感,都展现了数学独特的艺术魅力。引导学生深入探索这些数学美感,可以让他们从另一个角度理解数学,不再仅仅将其视为解决问题的工具,而是将其视为一种具有内在美的学科。通过欣赏数学的简洁与和谐,学生可以培养起对数学的深厚情感,进而激发直觉思维,提高数学素养。为了实现这一目标,教师可以设计一系列教学活动,如数学美展、数学艺术作品创作等,让学生在实践中感受数学的美感。同时,教师还可以结合具体的数学概念、公式和图形,进行深入浅出的讲解,引导学生发现其中的美学元素,培养他们的数学审美观念。通过挖掘数学概念、公式和图形中的美感,可以培养学生的数学审美观念,激发他们的直觉思维,为他们的数学学习注入更多的艺术气息和创造力。

(二)美学启发下的解题策略

在数学解题过程中,利用数学美感作为引导,可以帮助学生寻求解题的捷径,提高解题效率,并在这个过程中启发他们的创造性思维。数学的美感不仅仅体现在其外在的形式上,更蕴含在其内在的逻辑和结构上。当学生能够从美学的角度审视数学问题时,他们往往能够发现问题的本质和规律,从而找到更为简洁、高效的解题方法。例如,在面对复杂的几何问题时,学生可以通过观察图形的对称性和和谐性,找到解题的突破口;在处理烦琐的代数式时,他们可以利用公式的对称美和均衡美,进行巧妙的变形和化简。这种基于美感的解题策略,不仅能够提高学生的解题效率,还能够培养他们的创造性思维,使他们在面对新问题时能够灵活应对,举一反三。为了实现这一目标,教师可以在教学过程中注重培养学生的数学美感,引导他们从美学的角度思考和解决数学问题。同时,教师还可以通过解析经典数学问题的美学内涵,展示美学启发下的解题策略,进一步激发学生的创造性思维,提升他们的数学解题能力。

(三)艺术与数学的融合

艺术与数学的融合教学,旨在探索这两个领域之间的内在联系,并通过跨学科的教学方式,培养学生的综合素养和创新能力。艺术与数学,虽然看似截然不同,但实际上它们之间存在着深刻的相互关联。数学追求的是逻辑的严谨和结构的完美,而艺术则倾向于情感的表达和创意的展现。然而,在探索美的本质和创造美的过程中,两者却常常交汇相融。通过跨学科融合教学,学生可以在艺术的熏陶下,更加深入地理解数学的抽象美和逻辑美。同时,他们也可以在数学的启发下,发现艺术中隐藏的规律和结构,从而创作出更加富有创意和内涵的艺术作品。为了实现艺术与数学的有效融合,教师可以设计一系列跨学科的教学活动。例如,可以引导学生利用数学知识来创作艺术作品,或者通过分析艺术作品来探索其中的数学原理。这样的教学方式不仅可以培养学生的综合素养,还可以激发他们的创新能力,使他们在艺术与数学的交汇点上找到新的灵感和创造力。

五、合作交流与思维碰撞

(一)师生互动与思维启迪

在师生互动的教学环境中,鼓励学生大胆提问与质疑是激发思维活力、启迪思考方向的关键。教师不再是单一的知识传授者,而是成为学生学习旅程中的引导者和伙伴。通过构建开放、包容的课堂氛围，学生可以自由地表达自己的疑惑和见解，这不仅能够促进他们对知识的深入理解，还能激发他们探索未知的勇气。当学生提出问题时，教师应积极倾听，并给予正面的反馈，引导学生通过讨论、实验或进一步研究来寻找答案。这种互动过程不仅帮助学生解决问题，更重要的是，它培养了学生批判性思维和独立解决问题的能力。同时，教师应鼓励学生之间的合作与交流，让不同的思维相互碰撞，从而产生新的想法和解决方案。在这种互动与合作中，学生学会了如何从不同角度审视问题，如何接纳并整合他人的观点，进而拓宽自己的思维视野。

（二）生生合作与共同进步

在教育教学过程中，组织小组合作学习活动是一种有效的教学策略，它能够促进学生在交流中分享思路、共同解决问题，从而实现共同进步。小组合作学习为学生提供了一个互动的平台，使他们能够相互学习、相互启发。在小组内，每个学生都有机会表达自己的观点和想法，通过倾听他人的意见，他们可以拓宽自己的思维，发现新的解决问题的方法和途径。同时，小组合作学习还能够培养学生的团队协作能力和沟通技巧，使他们在合作中学会如何分工合作、如何有效地表达自己的观点以及如何与他人达成共识。通过小组合作学习，学生可以共同面对学习中的挑战，相互支持、相互鼓励，在解决问题的过程中共同成长。这种学习方式不仅能够提高学生的学习效果，还能够培养他们的团队精神和集体荣誉感。小组合作学习是一种富有成效的教学方式，它能够让学生在交流中分享思路、解决问题,实现共同进步。教师应该积极组织和引导小组合作学习活动,为学生创造一个良好的学习环境,使他们在合作中不断成长、不断进步。

(三)跨学科交流与创新

鼓励学生参与跨学科交流活动,是教育创新的一个重要方向,这种活动旨在拓宽学生的知识领域,打破传统学科界限,激发他们的创新思维,进而促进多学科之间的交叉融合。跨学科交流为学生提供了一个多元化的学习平台,使他们有机会接触到不同学科的知识和方法。通过与来自不同学科背景的同学和专家进行交流,学生可以了解到不同学科的研究视角和思维方式,从而拓宽自己的思维视野。同时,跨学科交流还能够激发学生的创新思维。在跨学科的环境中,学生需要将不同学科的知识和方法进行有机结合,以解决复杂的问题。这种跨学科的思维方式能够激发他们的创造力,使他们能够从多个角度审视问题,并提出新的解决方案。此外,跨学科交流还有助于促进多学科之间的交叉融合。通过交流,学生可以发现不同学科之间的内在联系和共通之处,进而促进学科之间的交叉融合和创新发展。

六、竞赛与实践活动的激励

(一)数学竞赛的促进作用

鼓励学生参与各类数学竞赛活动,是提升学生数学学习兴趣与能力的有效途径,数学竞赛不仅为学生提供了一个展示自我、挑战自我的平台,还通过竞赛的形式,促进了学生之间的学术交流和思维碰撞。在这样的环境中,学生能够感受到数学的魅力,体会到解决问题的成就感,从而进一步激发他们的学习热情。同时,数学竞赛也是以赛促学、以赛促教的重要方式。通过参与竞赛,学生可以更加深入地理解数学知识,掌握更多的数学方法和技巧。而教师在指导学生参赛的过程中,也能不断反思自己的教学方法,探索更加有效的教学策略,从而实现教学相长。此外,数学竞赛还能够激发学生的竞争意识和创新潜能。在竞赛中,学生需要面对各种复杂的问题和挑战,这要求他们不仅要具备扎实的数学基础,还要具备创新思维和解决问题的能力。通过不断的尝试和实践,学生能够逐渐培养出自己的竞争优势,同时也能够在解决问题的过程中激发出更多的创新潜能。

(二)创新创业计划项目的参与

支持学生参与创新创业计划项目,是高等教育中培养学生创新能力和解决实际问题能力的重要途径。这类项目为学生提供了一个将理论知识与实际应用相结合的平台,使他们能够在实践中锻炼自己的创新思维和创业技能。通过参与创新创业计划项目,学生需要自主选题、设计方案、组织实施并最终形成成果。在这个过程中,他们需要充分运用所学的数学知识和其他学科知识,解决实际问题,这不仅能够加深他们对知识的理解,还能够培养他们的创新思维和解决问题的能力。同时,创新创业计划项目还要求学生具备一定的团队协作能力和沟通能力。在项目实施过程中,学生需要与团队成员紧密合作,共同解决问题,这有助于培养他们的团队协作精神和沟通能力。

(三)社会实践与志愿服务

将数学知识应用于社会实践和志愿服务中,是一种富有成效的教育方法,旨在让学生在服务社会的过程中锻炼创新思维和实践能力。社会实践和志愿服务为学生提供了走出课堂、接触社会的机会,使他们能够将所学的数学知识应用于实际问题的解决中。在社会实践和志愿服务中,学生可能会遇到各种复杂的问题和挑战,这要求他们不仅要具备扎实的数学基础,还要能够灵活运用数学知识进行创新思维,提出切实可行的解决方案。通过这样的实践锻炼,学生能够逐渐培养出自己的创新思维和实践能力。同时,社会实践和志愿服务还能够让学生更加深入地了解社会的需求和

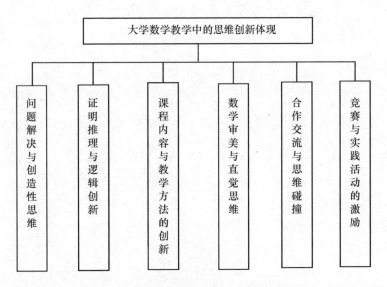

图 3-1 大学数学教学中的思维创新体现

问题,增强他们的社会责任感和使命感。在服务社会的过程中,学生能够深刻体会到数学知识的价值和力量,从而更加珍惜学习机会,努力提升自己的数学素养和实践能力,让学生在服务社会中锻炼创新思维和实践能力,培养他们的社会责任感和使命感,为未来的社会发展和进步做出贡献。

第四章　数学教学与思维创新的融合模式

第一节　问题导向的教学模式

一、问题设定与情境构建

(一)问题设定的原则与策略

1. 挑战性原则

在问题设定的过程中,挑战性原则是至关重要的一环,它要求所设计的问题必须具有一定的难度和深度,能够引发学生的深度思考,而非简单的记忆或复述。挑战性的问题能够激发学生的求知欲和探索精神,促使他们在解决问题的过程中不断挑战自我,提升思维能力和解决问题的能力。为了体现挑战性原则,教师可以设计一些开放性的问题,让学生从不同的角度进行思考,或者设置一些需要综合运用多个知识点才能解决的问题,让学生在解决问题的过程中体验到思维的碰撞和知识的融合。

2. 启发性策略

启发性策略是问题设定的另一重要原则,它强调问题应该具有启发性,能够引导学生从多个角度进行思考,激发他们的创新思维。为了实现启发性策略,教师可以设计一些具有引导性的问题,让学生在思考问题的过程中逐渐发现新的思路和解决方法。同时,教师还可以通过问题的设置,引导学生将所学的知识应用于实际问题的解决中,让他们在实践中体验到知识的力量和创新的乐趣。启发性策略的实施,不仅能够提升学生的思维能力和解决问题的能力,还能够培养他们的创新意识和实践能力。

3. 关联性原则

关联性原则是问题设定中不可忽视的一环,它要求所设计的问题必须与学生的生活或兴趣相关联,能够引起他们的共鸣和兴趣。为了实现关联性原则,教师可以关注学生的生活经验和兴趣爱好,从他们的实际出发,设计一些与他们生活密切相关的问题。这样的问题能够让学生感受到数学的实用性和趣味性,从而更加积极地投入到问题的思考和解决中去。同时,关联性原则的实施还能够增强学生对数学学习的认同感和归属感,提升他们的学习动力和自信心。

(二)情境构建的方法与技巧

1. 利用现实生活中的情境

在数学教学中,利用现实生活中的情境是构建有效教学情境的重要途径,这种方法通过将数学知识与学生的日常生活经验相结合,使学生在熟悉的场景中学习数学,从而增强他们的学习兴趣和参与度。例如,可以通过购物、旅行或家庭预算等现实生活中的例子来教授数学概念和运算。这种方法不仅有助于学生更好地理解数学知识,还能让他们意识到数学在日常生活中的应用价值,从而培养他们的实际应用能力。

2. 创设虚拟情境

除了利用现实生活中的情境,创设虚拟情境也是构建数学教学情境的有效方法,虚拟情境可以通过故事、游戏或模拟实验等形式来呈现,使学生在虚构的场景中探索数学问题。这种方法可以激发学生的想象力和创造力,使他们在轻松愉快的氛围中学习数学。例如,可以设计一个探险游戏,让学生在游戏中解决数学难题,从而培养他们的逻辑思维和问题解决能力。

3. 结合多媒体资源

在构建数学教学情境时,结合多媒体资源可以极大增强情境的真实感和吸引力,多媒体资源包括图片、视频、音频和动画等,它们可以为学生提供丰富多样的视觉和听觉刺激,使他们更加深入地理解数学概念和问题。例如,可以通过动画来展示几何图形的变换过程,或者通过视频来呈现实际生活中的数学问题。结合多媒体资源构建教学情境,不仅可以提高学生的学习兴趣和积极性,还能帮助他们更好地理解和掌握数学知识。

二、引导学生主动探索

(一)激发探索兴趣与动机

1. 创设引人入胜的情境

在数学教学中,创设引人入胜的情境是激发学生探索兴趣与动机的关键,一个生动、有趣的情境能够迅速吸引学生的注意力,使他们产生强烈的好奇心和求知欲。为了创设这样的情境,教师可以结合学生的生活实际和兴趣爱好,设计一些富有挑战性和趣味性的问题或任务。例如,通过讲述一个与数学知识相关的有趣故事,或者设置一个需要运用数学知识才能解决的谜题,来激发学生的探索欲望。这样的情境不仅能够让学生在轻松愉快的氛围中学习数学,还能培养他们的创新思维和解决问题的能力。

2. 明确探索目标与意义

在激发学生探索兴趣与动机的过程中,明确探索目标与意义同样重要,学生需要清楚地知道他们为什么要进行探索,以及探索的目标是什么。这样,他们才能更加有针对性地思考问题,更加积极地投入到探索活动中去。为了明确探索目标与意义,教师可以在情境创设之后,向学生明确说明本次探索的目标、要求以及预期的学习成果。同时,教师还可以引导学生思考探索活动的实际意义和价值,让他们意识到通过学习数学知识可以解决实际问题,从而对数学学习产生更加浓厚的兴趣和动力。

（二）提供探索空间与资源

1. 给予充分的思考时间

在引导学生主动探索的过程中,给予他们充分的思考时间是至关重要的,思考是探索的基石,没有深入的思考,就难以产生真正的理解和创新。因此,教师应该在课堂上留出足够的时间,让学生有机会对问题进行深入的思考和探讨。在这段时间里,学生可以自由地思考、尝试和犯错,而不必担心被打断或批评。这样的环境有助于培养学生的独立思考能力和创新思维,使他们在探索中不断成长和进步。

2.提供多样化的学习资源

为了支持学生的探索活动,教师应该提供多样化的学习资源,这些资源可以包括图书、网络资料、实验器材等,能够为学生提供丰富的学习材料和工具。通过利用这些资源,学生可以更加深入地了解数学知识,探索不同的解题方法和思路。同时,多样化的学习资源还能够激发学生的学习兴趣和好奇心,使他们在探索中保持积极的态度和动力。因此,教师应该注重资源的积累和更新,为学生提供更加丰富、多样的学习支持。

(三)鼓励自主探索与合作交流

1.倡导独立思考

在数学教学中,倡导独立思考是培养学生自主探索能力的重要一环,独立思考意味着学生能够自己提出问题、分析问题并寻找答案,而不是简单地接受教师的讲解或同学的答案。为了倡导独立思考,教师可以设计一些开放性的问题,鼓励学生从不同的角度进行思考,并尝试用自己的语言解释数学概念和原理。同时,教师还可以设置一些具有挑战性的任务,让学生在完成任务的过程中锻炼自己的思维能力和解决问题的能力。通过这样的训练,学生可以逐渐养成独立思考的习惯,提高他们的自主探索能力。

2.促进小组合作与交流

除了倡导独立思考,促进小组合作与交流也是培养学生自主探索能力的重要途径,小组合作可以让学生在小组中共同探讨问题、分享想法,并相互启发和帮助。通过小组合作,学生可以学会如何与他人合作、如何倾听他人的意见、如何表达自己的观点,这些技能对于他们未来的学习和生活都非常重要。同时,小组合作还可以让学生意识到,每个人都有不同的思维方式和解题方法,通过交流和合作,他们可以拓宽自己的思路,找到更多的解题方法。因此,教师应该注重小组合作与交流的培养,为学生提供更多的机会和平台,让他们在小组中共同成长和进步。

(四)引导反思与总结提升

1. 鼓励自我反思

在数学学习的过程中,鼓励学生进行自我反思是一个重要的环节。自我反思能够帮助学生回顾自己的学习过程,思考哪些方法有效,哪些需要改进。通过反思,学生可以更加深入地了解自己的学习习惯和思维方式,从而找到适合自己的学习策略。为了鼓励自我反思,教师可以设置一些反思性的问题,引导学生思考自己在解题过程中的得失,以及如何改进自己的思考方式。同时,教师还可以鼓励学生将自己的反思结果记录下来,形成学习日志或反思报告,以便日后回顾和总结。

2. 提炼经验与策略

除了鼓励自我反思,提炼经验与策略也是引导学生总结提升的重要步骤。在学习数学的过程中,学生会积累大量的经验和策略,这些经验和策略是他们解题的宝贵财富。然而,如果学生不能将这些经验和策略进行有效的提炼和总结,那么它们就很难转化为学生的长期记忆和解题能力。因此,教师应该引导学生对自己的解题过程和结果进行深入的剖析和总结,提炼出有效的解题策略和思维方法。同时,教师还可以组织学生进行经验分享和交流,让学生在交流中互相学习和借鉴,共同提高解题能力和思维水平。通过这样的提炼和总结,学生可以更加深入地理解数学知识,形成自己的解题思路和策略库,为日后的学习打下坚实的基础。

三、合作探究与思维碰撞

(一)构建合作探究的学习环境

1. 创设开放的课堂氛围

为了促进学生之间的合作探究,构建一个开放的课堂氛围至关重要,在这样的环境中,学生被鼓励自由发表自己的观点,而不用担心被批评或嘲笑。教师应当积极营造一个安全、包容的学习氛围,让学生感受到他们的每一个想法都值得被尊重和探讨。这可以通过设立课堂规则、明确表达对学生多样观点的欢迎和尊重,以及在实际教学中给予每个学生发言的机会来实现。当课堂氛围变得开放和包容时,学生会更加愿意分享他们的想法,这有助于激发他们的创新思维,并促进深度学习的发生。

2. 组建异质小组

在合作探究的学习环境中,组建异质小组是一个有效的策略,异质小组意味着小组成员之间在背景、能力、兴趣等方面存在差异。这样的组合可以确保小组内有多样化的观点和思维方式,从而促进不同观点之间的交流和碰撞。教师在组建小组时,应该考虑到学生的不同特点,并努力使每个小组都成为一个多元化的学习共同体。在异质小组中,学生有机会接触到不同的解题策略和思考方式,他们可以相互学习,从彼此的差异中获得新的启示。这种小组构成不仅有助于提升学生的学习效果,还能培养他们的团队协作能力和沟通技巧。

(二)促进思维碰撞的互动过程

1. 提问与追问

在合作探究的学习环境中,提问与追问是促进思维碰撞的重要手段,鼓励学生不仅提出问题,而且对同伴的回答进行深入的追问,这样的互动能够深化他们的思考,并引导他们探索问题的多个层面。通过提问,学生能够主动参与到学习过程中,积极寻求答案,而不是被动接受信息。而追问则进一步推动了思维的深入,它要求学生不仅理解表面的信息,还要思考背后的原因、逻辑和联系。这种互动过程有助于培养学生的批判性思维和解决问题的能力,同时也增强了他们的合作与交流技巧。

2. 辩论与讨论

组织小组或全班的辩论与讨论是另一种有效促进思维碰撞的方式,通过就某一问题展开充分的讨论,学生可以有机会表达自己的观点,同时听取并思考他人的意见。辩论能够激发学生的思维火花,使他们在争论中更加深入地理解问题,并学会从不同角度审视同一问题。讨论则提供了一个更加宽松的环境,让学生可以在其中自由交换想法,共同探索问题的解决方案。这样的互动过程不仅有助于提升学生的沟通能力和团队协作精神,还能培养他们的创新思维和解决问题的能力。通过辩论与讨论,学生可以学会尊重他人的观点,同时也更加自信地表达自己的见解。

(三)培养合作探究的技能与策略

1. 学会倾听与尊重

在合作探究的学习环境中,培养学生倾听他人意见的习惯,以及尊重不同观点是至关重要的。倾听是有效沟通的基础,它要求学生放下自己的偏见和预设,全心全意地听取他人的想法。通过倾听,学生可以更好地理解他人的观点,从中汲取新的信息和思考角度。同时,尊重不同观点也是合作探究的核心价值之一。在一个多元化的学习共同体中,每个学生的背景、经历和思考方式都是独特的,他们的观点也因此而丰富多样。教师应该教导学生尊重这种多样性,学会欣赏他人的独特见解,而不是简单地否定或忽视。

2. 协作与分享

教导学生如何有效协作,共同解决问题,并分享成果,是培养合作探究技能与策略的另一重要方面。协作要求学生学会在团队中发挥自己的长处,同时弥补他人的不足。他们需要学会分配任务、协调进度、解决冲突,并共同为达成目标而努力。在这个过程中,学生可以锻炼自己的领导力、沟通能力和团队协作精神。而分享成果则是协作的延伸和升华。它要求学生不仅关注个人的成就,还要学会欣赏和庆祝团队的成果。通过分享,学生可以学会如何将自己的想法和发现以清晰、有吸引力的方式呈现给他人,同时也可以从他人的分享中获得新的启示和学习机会。

(四)教师角色与指导策略

1. 观察与引导

在合作探究的学习环境中,教师的角色转变为观察者和引导者,观察是了解学生学习动态、思维过程以及合作情况的重要途径。教师需要细心观察学生的行为表现、交流互动和问题解决策略,以便及时发现问题并提供必要的指导。引导则要求教师在学生遇到困惑或偏离主题时,给予适当的提示和建议,帮助他们重新定向,深入思考。通过观察和引导,教师可以更好地了解学生的学习需求和个体差异,从而为他们提供更加精准和有效的支持。

2. 反馈与评价

反馈与评价是教师指导策略的重要组成部分,在合作探究过程中,学生需要不断地获得来自教师的反馈,以便了解自己的学习进度和存在的问题。反馈应当是具体、及时和建设性的,既要指出学生的不足,也要肯定他们的努力和进步。评价则应当关注学生的个体差异和多元智能,采用多种评价方式,如自我评价、同伴评价和教师评价相结合,以全面反映学生的学习成果和成长过程。通过合理的反馈与评价,教师可以激励学生持续努力,提升他们的自我效能感和合作探究的积极性。

四、反思总结与知识建构

(一)反思总结的重要性与策略

1. 反思总结对学习的促进作用

反思总结在学习过程中扮演着至关重要的角色,其重要性不容忽视,这一过程不仅能够协助学生巩固和加深对所学知识的理解,使知识更加牢固地植根于他们的思维之中,而且还能够成为一种自我检测机制,促使学生发现自己的学习不足之处。通过这种自我审视,学生可以清晰地认识到哪些知识点掌握得不够牢固,哪些学习技能还有待提升,从而明确改进的方向,制订出更为有效的学习计划。反思的过程也是学生自我认知的深化。它可以帮助学生更好地认识到自己在学习过程中的优势和劣势,这种自我认知的提升是学生调整学习策略、提高学习效率的关键。学生可以根据反思的结果,灵活地调整自己的学习方法,选择更适合自己的学习策略,以应对不同的学习挑战。此外,反思总结还是学生提炼学习经验、整合知识的重要途径。通过反思,学生可以将零散的知识点串联起来,形成系统的知识体系,这种知识体系的建立不仅有助于学生对当前学习内容的理解和应用,更为他们今后的学习打下了坚实的基础,使他们在面对新知识时能够更快地找到学习的切入点和方法。

2. 实施反思总结的策略

为了有效实施反思总结,教师可以采取一系列精心设计的策略,其中,鼓励学生养成定期回顾学习内容的习惯是至关重要的一环。这种习惯能够帮助学生及时巩固和加深记忆,防止知识的遗忘,并确保所学内容能够在学生的脑海中留下深刻的印象。为了实现这一目标,教师可以设定固定的回顾时间表,或者在课堂上安排回顾环节,以提醒和引导学生积极回顾所学内容。另外,提供反思框架也是教师实施反思总结的有效手段。通过给予学生一个明确的反思框架,教师可以引导他们从学习目标、学习方法、学习成果等多个维度全面审视自己的学习过程。这样的反思框架有助于学生更系统地思考和评估自己的学习状况,发现自己的优点和不足,并为后续的学习提供有针对性的改进方向。最后,创设反思情境对于促进学生进行深度反思同样具有重要意义。教师可以组织小组讨论,让学生们在交流中分享彼此的学习经验和反思成果,从而激发更多的思考和灵感。同时,鼓励学生撰写学习日志,记录自己的学习过程和反思心得,这不仅有助于学生回顾和整理所学内容,还能够提升他们的自我认知能力和学习能力。

(二)知识建构的过程与方法

1.知识建构的核心理念

知识建构的核心理念深刻体现了学生在学习过程中的主体地位,它着重强调学生主动构建知识体系的重要性,而非仅仅作为信息的被动接受者。这一理念认为,学习的本质不仅仅局限于对知识的记忆和复述,更重要的是对知识的深入理解和实际应用,将这些知识真正地内化为自己的认知结构。在这样的理念指导下,学生通过知识建构,能够逐步形成一个系统的认知框架,这个框架能够将原本零散的知识点相互联系起来,形成一个有机的整体。通过这样的整合,学生可以更加全面、深入地理解和应用所学知识,实现知识的融会贯通。这种主动构建知识体系的过程,不仅能够帮助学生更好地掌握和应用知识,还能够有效地提高他们的思维能力和解决问题的能力。在知识建构的过程中,学生需要不断地思考、分析和总结,这些活动都能够锻炼他们的思维能力,提升他们面对问题时的分析和解决能力。因此,知识建构不仅是一种学习方法,更是一种能够促进学生全面发展的教育理念。

2. 促进知识建构的方法

为了有效促进学生的知识建构,教师可以采取一系列富有创意和实效性的方法,一个关键的策略是引导学生将新知识与他们已有的知识相联系,帮助他们构建起知识之间的桥梁和联系。这种策略能够使学生更好地理解和吸收新知识,因为它将新知识融入了学生已有的认知结构中,从而形成了一个更加系统和完善的知识体系。这不仅提高了学生对知识的整合能力,还增强了他们应用知识解决实际问题的能力。另外,鼓励学生使用多种表征方式来展示和理解知识也是非常重要的。图表、模型等视觉化工具可以让学生更直观地理解和记忆知识,这些表征方式能够将抽象的知识以具体的形式呈现出来,从而促进了学生对知识的深度加工和理解。通过问题解决、项目式学习等实践活动,教师可以让学生在实际应用中深化对知识的理解,进一步促进知识的建构和应用。这些实践活动为学生提供了一个将理论知识转化为实际操作的机会,使他们在实践中不断探索、发现和创造,从而更加深入地理解和掌握知识。

五、评价反馈与持续改进

(一)评价反馈的重要性与实施

1. 评价反馈对学习成效的促进作用

评价反馈在学习过程中扮演着至关重要的角色,它不仅是检验学习成效的重要途径,更是推动学生进步和发展的关键力量。通过评价反馈,学生可以清晰地了解自己的学习状况,包括知识的掌握程度、学习方法的适用性以及学习态度的端正与否。这种自我认知的提升有助于学生及时发现学习中的不足,从而调整学习策略,优化学习方法,提高学习效率。同时,评价反馈还能够激励学生,使他们在看到自己的进步和成就时,增强学习动力和自信心,以更加饱满的热情投入到后续的学习中。此外,评价反馈还有助于培养学生的自我反思能力,让他们学会如何审视自己的学习过程,如何从成功和失败中汲取经验,为未来的学习和发展奠定坚实的基础。

2. 实施有效评价反馈的策略

为了实施有效的评价反馈,教师需要采取一系列精心设计的策略。首先,教师应提供具体、明确的评价反馈,避免模糊和笼统地表述,确保学生能够准确理解自己的学习表现,明确自己的优点和不足。这样的反馈能够帮助学生更有针对性地调整学习策略,提高学习效果。其次,鼓励学生参与互评和自我评价,培养他们的自我反思能力。通过互评,学生可以学会如何从不同角度审视问题,如何客观、公正地评价他人;而自我评价则能够让学生更加深入地了解自己的学习过程,发现自己的盲点和潜力。最后,利用信息技术工具,如学习管理系统,实现评价反馈的及时性和个性化。信息技术工具能够提供更加便捷、高效的反馈渠道,让学生能够随时随地了解自己的学习情况,及时调整学习策略。同时,个性化反馈能够根据学生的学习特点和需求,提供更加有针对性的指导和建议,帮助学生更好地实现学习目标。

(二)持续改进的机制与实践

1. 持续改进在教育中的核心价值

持续改进是教育质量提升的关键所在,它代表着教育体系不断追求优化和完善的态度,在教育领域,持续改进的核心价值体现在多个方面。首先,持续改进有助于适应不断变化的学习环境和学生需求。随着社会的快速发展和知识的不断更新,教育体系需要不断调整和完善,以确保学生能够获得与时代同步的知识和技能。其次,通过持续改进,教师可以不断优化教学方法和策略,提高教学效果。教师需要不断探索和实践新的教学理念和方法,以满足不同学生的学习需求,激发他们的学习兴趣和潜力。最后,持续改进能够促进学校和教育系统的整体发展,提升教育竞争力。只有不断追求进步和完善,学校和教育系统才能在激烈的竞争中脱颖而出,为社会培养更多优秀的人才。

2. 实践持续改进的具体方法

要实现教育领域的持续改进,需要采取一系列具体的方法和实践。首先,教师应定期收集和分析学生的学习数据,以识别教学中的问题和改进点。通过对学生学习情况的深入了解,教师可以发现教学中存在的问题和不足,进而针对性地调整教学策略和方法。其次,鼓励教师之间的合作与交流,分享教学经验和改进策略。教师可以通过互相观摩课堂、共同研讨教学难题等方式,相互学习和借鉴,共同提升教学水平。此外,学校应建立持续改进的激励机制,鼓励教师和学生积极参与改进过程。通过设立奖项、提供培训机会等方式,学校可以激发教师和学生参与持续改进的积极性,推动教育质量的不断提升。最后,利用教育研究和最佳实践,不断引入新的教学方法和技术,以促进持续改进。教育领域的研究和实践是不断进步的,学校和教师需要保持敏锐的洞察力,及时了解和掌握最新的教学理念和方法,将其应用于实际教学中,以实现教学质量的持续提升。

第二节　研究性学习的教学模式

一、研究性学习的定义与重要性

(一)研究性学习的定义

研究性学习作为一种现代教育理念,其核心在于强调学生在教师的悉心指导下,能够自主地选择并深入探究问题。这一过程不仅仅是对知识的简单追求,更是对学生综合能力的培养和提升。在研究性学习中,学生被鼓励通过实践、亲身体验以及深刻的反思等多种方式,来主动地获取知识,而非被动地接受教师的灌输。他们学会如何在实际操作中发现问题、解决问题,并从中不断积累经验,提升自我。同时,研究性学习也注重培养学生的批判性思维和创新能力,使他们在面对复杂多变的问题时,能够独立思考,提出新颖的观点和解决方案。此外,通过研究性学习,学生还能学会如何有效地与他人合作,共同解决问题,从而培养他们的团队协作精神和沟通能力。总之,研究性学习是一种旨在全面提升学生综合素质和能力的教育理念,它强调学生的主体性、实践性和创新性,为现代教育注入了新的活力和内涵。

(二)研究性学习的重要性

1. 对学生发展的促进作用

研究性学习作为一种以学生为中心的教学模式,对学生发展具有显著的促进作用。首先,在研究性学习的过程中,学生需要自主选择并深入探究问题,这一过程极大地提升了他们的自主学习能力。他们需要学会如何独立地搜集资料、分析问题、提出假设并进行验证,这一系列的活动都促使他们逐渐形成自主学习的习惯和能力。其次,研究性学习注重培养学生的创新思维。在面对问题时,学生需要从不同的角度进行思考,提出新的观点和解决方案,这种训练有助于激发他们的创新思维和想象力。此外,研究性学习还强调实践环节,鼓励学生通过实践来解决问题、获取知识。这种实践性的学习方式不仅增强了学生的实践操作能力,还让他们在实践中体验到成功的喜悦和挫折的教训,从而培养他们的坚韧不拔和勇于探索的精神。在研究性学习的过程中,学生还学会了如何与他人合作、如何进行有效的沟通。他们需要与教师、同学进行讨论和交流,共同解决问题。

2. 对教育改革的推动作用

研究性学习作为一种先进的教育理念,对教育改革具有重要的推动作用。首先,在研究性学习中,学生的地位得到了凸显,他们不再是被动接受知识的容器,而是成为主动探究知识的主体。这种转变促使教育理念从传统的"以教师为中心"向"以学生为中心"进行转变,从而更加符合现代教育的发展趋势。其次,研究性学习强调问题导向和实践探索,这为教学方法的创新提供了新的思路。教师需要设计具有挑战性和探究性的问题,引导学生进行深入的思考和实践。这种教学方式不仅激发了学生的学习兴趣和动力,还提升了他们的问题解决能力和实践能力。此外,研究性学习还注重学生的个体差异和多元发展,这为教育公平的实现提供了有力的支持。每个学生都有自己的兴趣和特长,研究性学习允许他们根据自己的兴趣和特长进行选择和学习,从而实现了真正的因材施教。研究性学习对教师的角色也提出了新的要求。教师不再是传统的知识传授者,而是成为学生学习的引导者和辅助者。他们需要具备更加丰富的知识和技能,以便更好地指导学生进行探究和学习。同时,教师还需要关注学生的情感和心理需求,为他们提供必要的支持和帮助。这种教师角色的转变不仅提升了教师的专业素养和能力,还增强了他们与学生之间的互动和信任关系。

二、研究性学习的核心特征

(一)学生主体性特征

1. 自主选择与决策

在研究性学习中,学生的自主选择与决策是其主体性特征的重要体现,学生不再是被动的知识接受者,而是成为学习的主人,有权自主选择研究课题、研究方法和研究路径。这种自主选择的过程,实际上也是学生自我认知和自我定位的过程。他们需要根据自己的兴趣、特长和实际需求,去选择那些真正能够激发自己学习热情和研究动力的课题。在这个过程中,学生的自主决策能力得到了锻炼和提升,他们学会了如何权衡利弊、如何做出最优选择,这对于他们未来的学习和生活都具有重要的意义。同时,自主选择与决策还意味着学生需要对自己的选择负责。他们需要自主制订研究计划、安排研究时间、选择研究方法,并独立面对研究过程中可能出现的各种困难和挑战。这种自主性和责任感的培养,有助于学生形成独立的人格和自主的学习习惯,为他们未来的终身学习打下坚实的基础。

2. 主动参与与学习

在研究性学习中,学生的主动参与与学习是其主体性特征的另一重要表现,与传统的被动接受式学习不同,研究性学习强调学生的积极参与和主动探索。学生不再是课堂上的旁观者,而是成为研究活动的积极参与者。他们需要通过实践、探索、反思等多种方式,主动获取知识、提升能力。这种主动参与的学习方式,极大地激发了学生的学习热情和学习动力。他们不再是为了应付考试而被动地学习,而是为了解决问题、获取知识而主动地探究和学习。在这个过程中,学生的学习动机得到了提升,他们的学习效果也得到了显著的改善。同时,主动参与与学习还培养了学生的实践能力和创新精神。他们需要通过实践活动来验证自己的假设、探索新的知识和方法,这种实践性的学习方式不仅提升了他们的实践操作能力,还激发了他们的创新思维和想象力。

(二)问题导向性特征

1. 以问题为载体

在研究性学习中,问题是学习的载体,也是推动学生深入探究的动力源泉,学生围绕问题进行学习,通过分析和解决问题来获取知识、提升能力。这种以问题为载体的学习方式,使得学生的学习更加具有针对性和实效性。他们需要学会如何发现问题、提出问题,并围绕问题进行深入的探究和思考。在这个过程中,学生的问题意识得到了培养,他们学会了如何从日常生活中发现问题,如何从纷繁复杂的信息中提炼出问题,这对于他们未来的学习和生活都具有重要的意义。同时,以问题为载体还意味着学生需要学会如何将问题转化为研究课题,并通过研究来解决问题。他们需要学会如何搜集资料、分析数据、提出假设并进行验证,这一系列的活动都使得学生的研究能力和解决问题的能力得到了提升。

2. 探究未知与创新

研究性学习鼓励学生探究未知问题,通过研究和探索来发现新知识、新观点和新方法。这种探究未知的学习方式,极大地激发了学生的好奇心和求知欲,使得他们的学习更加具有探索性和创新性。在探究未知的过程中,学生需要学会如何面对和解决不确定性问题,如何通过实验、调查、制作等实践活动来获取新知识和新经验。这种实践性的学习方式不仅提升了学生的实践操作能力,还培养了他们的创新思维和创新能力。同时,探究未知与创新还意味着学生需要学会如何与他人合作、如何进行有效的沟通。在研究性学习中,学生需要与同学、老师进行深入的讨论和交流,共同解决问题。

(三)实践性特征

1. 强调实践活动

在研究性学习中,实践活动被赋予了极高的重要性。学生不再仅仅依赖于课本和教师的讲解来获取知识,而是通过亲身参与实践活动,如实验、调查、制作等,来深入理解和掌握知识。这种强调实践活动的学习方式,使得学生的学习更加具有直观性和体验性。实践活动为学生提供了一个将理论知识应用于实际的机会。在这个过程中,学生需要自己动手操作,亲身体验知识的产生和应用过程。这种学习方式不仅有助于提升学生的实践操作能力,还能让他们更加深刻地理解和掌握知识,从而提高学习效果。

2. 实践与理论相结合

研究性学习注重实践与理论的紧密结合,学生不仅需要通过实践活动来获取知识,还需要在实践中运用和深化理论知识。这种学习方式不仅有助于提升学生的实践能力,还能让他们更加深刻地理解和掌握理论知识,从而实现知识与能力的双重提升。同时,实践与理论的相结合还培养了学生的创新思维和解决问题的能力。他们需要在实践中不断探索和创新,提出新的观点和解决方案,这种训练对于他们的未来学习和职业发展都具有重要的意义。

(四)开放性特征

1. 学习内容的开放性

在研究性学习中,学习内容的开放性是其核心特征之一,与传统的固定教材和学习内容不同,研究性学习鼓励学生根据自己的兴趣、特长和实际需求,自主选择研究课题和学习内容。这种开放性的学习内容,不仅拓宽了学生的知识视野,还激发了他们的学习热情和探索欲望。学习内容的开放性意味着学生不再局限于课本上的知识,而是可以通过各种途径和方式来获取和学习新知识。他们可以通过阅读文献、参加讲座、进行实地考察等方式,来深入了解自己感兴趣的研究课题。这种开放性的学习方式,使得学生的学习更加具有自主性和灵活性,有助于培养他们的终身学习能力和自我发展能力。

2. 学习方式的多样性

研究性学习注重学习方式的多样性,鼓励学生根据自己的学习习惯和喜好,选择适合自己的学习方式进行研究和学习。这种多样性的学习方式,不仅满足了学生的个性化需求,还提升了他们的学习效果和学习体验。在学习方式的多样性中,学生可以选择独立研究、小组合作、师生共同探讨等多种方式来进行学习。他们可以根据自己的实际情况和研究课题的需要,灵活选择学习方式。例如,对于需要深入探究的问题,学生可以选择独立研究,通过查阅文献、进行实验等方式来深入了解问题;对于需要团队合作的问题,学生可以选择小组合作,共同制订研究计划、分工合作、分享研究成果;对于需要教师指导的问题,学生可以选择师生共同探讨,与教师一起分析问题、提出解决方案。这种多样性的学习方式,不仅提升了学生的学习效果,还培养了他们的团队协作能力和沟通能力。

三、研究性学习教学模式的构建原则

(一)以学生为主与教师主导相结合的原则

1.学生主体性

在教育过程中,学生主体性的发挥是至关重要的,研究性学习教学模式特别强调学生在学习活动中的主体地位,这意味着学生不再是被动接受知识的容器,而是主动探索、发现、建构知识的主体。为了实现这一转变,教学模式需要设计各种能够激发学生兴趣、引导学生深入思考的教学活动,如问题探究、案例分析、实验操作等。通过这些活动,学生可以自主地选择学习内容、决定学习方法、控制学习进度,从而充分体验到学习的乐趣和成就感。同时,学生主体性的发挥还要求教师在评价学生学习成果时,注重过程性评价和多元化评价,以全面反映学生的学习态度、努力程度、进步情况以及创新能力等方面的发展。

2. 教师主导性

在研究性学习教学模式中,虽然学生处于主体地位,但教师的主导作用同样不可忽视。教师不仅是知识的传授者,更是学生学习活动的引导者和支持者。在学生自主探索的过程中,教师需要根据学生的个体差异和学习需求,提供适时、适度的指导和帮助。这包括为学生指明学习方向、提供学习资源、解答疑难问题、协调学习小组的活动等。同时,教师还需要创设一个宽松、自由、鼓励创新的学习环境,让学生敢于质疑、敢于尝试、敢于失败。为了实现这一目标,教师需要不断更新教育观念,提升专业素养,掌握先进的教学方法和手段,以更好地适应研究性学习教学模式的要求。此外,教师还需要与学生建立良好的师生关系,关注学生的情感需求和心理变化,及时给予鼓励和支持,以增强学生的学习动力和自信心。

(二)学习过程与学习结果并重原则

1. 注重学习过程

在学习过程与学习结果并重的原则下,注重学习过程是至关重要的,学习过程是学生掌握知识、发展能力、培养情感态度的重要阶段。研究性学习教学模式强调学生在学习过程中的主体地位,鼓励他们通过探究、发现、解决问题等方式积极参与学习活动。在这一过程中,学生不仅能够获取知识,还能够发展思维能力、培养创新意识和实践能力。为了实现这一目标,教师需要精心设计教学活动,确保学生在学习过程中有足够的时间和空间进行思考和探索。同时,教师还需要关注学生的学习方法和学习策略,引导他们学会学习,形成自主学习的能力。此外,教师还应该注重学生学习过程中的情感体验和态度变化,鼓励他们保持积极的学习心态,克服学习中的困难和挑战。

2. 促进学习结果

学习结果是检验学生学习成效的重要标准,也是教学过程的重要目标之一,在研究性学习教学模式中,促进学习结果同样重要。这并不意味着过分追求短期成绩或应试能力,而是在确保学习过程质量的前提下,关注学生学习成果的达成。为了实现这一目标,教师需要明确教学目标和教学内容,确保教学活动与教学目标紧密相连。同时,教师还需要采用多样化的教学评价方式,包括过程性评价和结果性评价相结合,以全面反映学生的学习情况和发展水平。在评价过程中,教师应该注重学生的个体差异和进步情况,给予他们及时的反馈和鼓励。此外,教师还应该鼓励学生将所学知识应用于实际生活中,通过实践来检验和巩固学习成果,从而实现学习过程与学习结果的良性互动。

(三)个体学习与互助学习相结合原则

1. 个体学习能力培养

个体学习能力是学生在独立学习环境中,自我驱动、自我管理、自我评估并持续进步的能力。在研究性学习教学模式中,这一能力的培养被视为核心任务。它要求学生具备明确的学习目标,能够自主选择合适的学习资源,运用恰当的学习策略,并对自己的学习过程进行有效监控和反思。为实现这一目标,教学模式需设计一系列活动,如自主学习任务、个性化学习计划、自我反思日志等,旨在激发学生的内在学习动机,增强其自主学习能力。同时,教师应提供必要的指导和支持,帮助学生识别自己的学习风格、优势与不足,从而制定更符合个人需求的学习策略。

2. 互助学习机制

互助学习强调学生之间的合作与交流,通过小组讨论、合作学习、同伴辅导等形式,共同解决问题、分享知识、促进彼此的学习与发展。在研究性学习教学模式中,互助学习机制不仅是一个补充,更是一个不可或缺的组成部分。它为学生提供了一个社会化的学习环境,使他们在互动中学会沟通、协作和领导。为了有效实施互助学习,教师需要精心设计合作任务,确保每个小组成员都能明确自己的角色和责任,并学会在团队中发挥自己的优势。同时,教师还应提供必要的合作技能和社交技能的培训,帮助学生建立积极的互助关系,学会在冲突中寻找共同点,共同为学习目标努力。通过这样的互助学习机制,学生不仅能够提升自己的学术能力,还能培养出一系列重要的社会技能和情感素养。

（四）开放性与创造性并重原则

1. 开放性原则

开放性原则是研究性学习教学模式的重要基石,它体现在教学内容的广泛性、教学方法的灵活性和学习环境的包容性上。在教学内容上,开放性原则鼓励超越传统教材的束缚,引入多样化的学习资源,包括最新的科研成果、社会热点问题、文化多样性等,使学生能够接触到更广阔的知识领域。这种开放性不仅拓宽了学生的视野,也激发了他们探索未知的兴趣和动力。在教学方法上,开放性原则倡导采用多种教学手段和策略,如项目式学习、探究式学习、翻转课堂等,以满足不同学生的学习需求和风格。这种灵活性使得教学过程更加生动有趣,也促进了学生创新思维和批判性思维的发展。在学习环境上,开放性原则强调营造一个自由、民主、包容的学习氛围,鼓励学生表达自己的想法和观点,尊重他人的意见和差异。这种环境有助于培养学生的独立思考能力和社会交往能力,为他们未来的发展奠定坚实的基础。

2. 创造性原则

创造性原则是研究性学习教学模式的灵魂所在,它强调在学习过程中培养学生的创新精神和创新能力。在创造性原则的指导下,教学活动不再是简单的知识传授和模仿练习,而是鼓励学生勇于尝试、敢于创新、追求卓越。为了实现这一目标,教师需要设计具有挑战性和启发性的学习任务,激发学生的创造欲望和好奇心。同时,教师还应该提供必要的资源和支持,帮助学生克服创新过程中的困难和障碍。此外,创造性原则还要求学生具备批判性思维和解决问题的能力,能够在复杂多变的环境中灵活应对,提出新颖独特的见解和方案。这种创造性的培养不仅有助于学生在学术上取得优异成绩,更能够为他们未来的职业生涯和社会生活提供源源不断的动力和支持。因此,在研究性学习教学模式中,创造性原则应该被置于核心地位,贯穿于整个教学过程的始终。

四、具体教学模式的实施步骤

(一)选题阶段

在研究性学习的初始阶段,选题是至关重要的环节,它不仅奠定了整个研究项目的基调,也决定了后续工作的方向和深度。为了有效引导学生确定研究主题,教师应首先创造一个激发思考和想象的情境。可以通过展示最新的科研成果、讨论社会热点问题或分享有趣的生活现象,来激发学生的好奇心和探究欲。随后,教师应鼓励学生根据个人兴趣、学科背景和现实生活需求,自由提出可能的研究方向。在确定研究主题的过程中,教师应扮演引导者和咨询者的角色,帮助学生细化并明确自己的研究问题。通过一系列开放式问题,如"这个问题为什么重要?""你希望通过研究解决什么具体问题?""你的研究将如何贡献于现有知识或实践?"等,引导学生深入思考,逐步聚焦到一个具体、可行且有意义的研究主题上。同时,教师还需指导学生明确研究目的,即希望通过这项研究达到什么样的目标或效果。清晰的研究目的将有助于学生在后续的研究过程中保持方向感和动力。

(二)资料收集与分析

资料收集与分析是研究性学习中的关键环节,它直接关系到研究结果的准确性和可靠性。为了帮助学生高效地完成这一任务,教师需要系统地教授信息检索技巧。这包括介绍各种学术数据库、图书馆资源以及网络搜索工具的使用方法,让学生掌握快速、准确地获取所需信息的能力。同时,教师还应强调信息筛选和评估的重要性,指导学生如何辨别信息的真伪、时效性和相关性,确保所收集的资料能够为研究提供有力支持。在数据分析阶段,教师应根据学生的研究主题和数据类型,提供针对性的指导。对于定量数据,教师可以教授统计软件的使用方法,如 EXCEL、SPSS 等,并指导学生进行描述性统计、推论性统计等分析;对于定性数据,教师可以引导学生运用内容分析法、案例研究法等方法进行深入分析。此外,教师还应强调数据分析的严谨性和逻辑性,指导学生如何合理设置假设、选择分析方法、解读分析结果,并学会将分析结果与研究问题紧密联系起来,形成有力的研究结论。通过这一系列的指导和训练,学生将能够掌握资料收集与分析的基本技能和方法,为后续的研究工作奠定坚实的基础。

(三)假设形成与验证

在研究性学习的深入阶段,假设的形成与验证是推动研究进程、深化研究理解的关键步骤。教师应积极鼓励学生基于前期资料收集与分析的结果,大胆提出自己的假设或猜想。这一过程不仅要求学生具备敏锐的洞察力和批判性思维,还需要他们敢于挑战现有知识,勇于探索未知领域。为了帮助学生更好地形成假设,教师可以引导学生从研究问题的核心出发,结合已有理论和研究成果,进行逻辑推理和想象拓展。假设的提出只是第一步,更重要的是通过实验或调研来验证其真伪。教师应根据研究主题的特点和学生的实际情况,设计科学合理的实验方案或调研计划。在实验过程中,教师应强调实验设计的严谨性、实验操作的规范性和实验数据的准确性,确保实验结果的可靠性和有效性。对于调研活动,教师应指导学生如何设计问卷、选择样本、收集数据,并教授数据分析的基本方法。无论是实验还是调研,教师都应鼓励学生积极参与,亲自动手,通过实践来检验和修正自己的假设。

(四)成果展示与评价

研究性学习的最终目的是要让学生将所学知识和研究成果以某种形式呈现出来,并与他人分享和交流。因此,成果展示与评价是研究性学习不可或缺的重要环节。为了全面展示学生的研究成果,教师可以组织学生进行报告撰写和口头演讲。在报告撰写过程中,教师应指导学生如何整理研究资料、梳理研究思路、构建论文框架,并注重论文的学术性和规范性。口头演讲则要求学生具备良好的表达能力和演讲技巧,能够清晰、准确地传达研究内容和研究成果。为了更加公正、客观地评价学生的研究成果,教师应实施多元化评价体系。除了传统的考试成绩外,还应将学生的参与度、合作精神、创新能力、实践能力等多个方面纳入评价范围。在评价过程中,教师应注重过程性评价和结果性评价相结合,既关注学生的最终成果,也重视学生在研究过程中的表现和成长。同时,教师还应鼓励学生相互评价和自我评价,培养他们的批判性思维和自我反思能力。通过多元化评价体系的实施,可以更加全面、准确地反映学生的学习成果和成长轨迹。

第五章　数学教学与思维创新的实践探索

第一节　大学数学教学与思维创新的教学设计

一、大学数学教学现状

(一)教学质量和评价机制之间的矛盾

在大学数学教育的现状中,一个普遍现象是过分聚焦于学生的学习成果,而忽视了学习过程中的思维锻炼与能力提升。这种倾向不仅限制了学生对数学本质的深入理解,也阻碍了他们在学习旅程中培养批判性思维和创新能力。同时,教学管理体制及质量评价体系尚存诸多不完善之处,缺乏对学生学习过程、思维发展及创新能力提升的全面考量,亟待进一步优化与健全。在这样的机制背景下,部分教师可能未能充分意识到培养学生创新能力的重要性,或者即便有此意识,也受限于现有的教学资源和环境条件,难以有效实施创新教学策略。大学数学课堂上,往往缺乏激发学生探索欲、鼓励自由思考的氛围,这在一定程度上限制了学生数学潜能的发掘与创新能力的培育。因此,改革大学数学教学体系,强化对学习过程的重视,完善教学管理与评价体系,以及提升教师创新能力,成为当前亟待解决的问题。

(二)教学内容和教材之间的矛盾

当前,许多大学数学教材在内容遴选与结构体系设计上趋于保守,缺乏足够的新颖性和前沿性,这无疑成为制约大学生创新意识培养的一大障碍。教材中鲜有涉及数学史的深度内容,这不仅剥夺了学生学习数学发展脉络、感受数学文化魅力的机会,也导致了大学生人文知识积累的不足,难以形成全面而深刻的学科视野。此外,纯数学性质的教材内容往往侧重于理论推导与公式证明,忽视了引导学生自主探究与自我学习的设计元素。这种教材结构容易使学生陷入被动接受知识的状态,难以激发他们的学习主动性和创造力。更为关键的是,仅凭此类教材,学生难以获得足够的实践机会和思维挑战,从而限制了他们自我创新意识与创新能力的有效培养。因此,大学数学教材亟须革新,融入更多新颖内容、数学史知识及探究式学习方法,以促进学生的全面发展与创新能力的提升。

(三)旧的教学方式和培养学生创新能力的矛盾

在大学数学的日常教学中,传统的教学模式往往占据主导地位,其中"填鸭式"教学尤为普遍。教师多遵循既定教材,按部就班地传授知识,而鲜少将现实生活或学科前沿的实际案例融入课堂,使得数学学习变得抽象且脱离实际。学生则往往陷入被动学习的状态,通过机械记忆来接受知识,缺乏主动探索与深入思考的动力。面对这样的教学现状,许多数学教师仍坚守传统的教学理念与方式,未能及时跟进教育改革的步伐,更新教学模式与手段。这种故步自封的做法,无疑限制了学生视野的拓宽与思维的活跃,更不利于他们创新意识和创新能力的培育与塑造。在快速变化的时代背景下,数学教学亟须打破常规,融入更多创新元素,以激发学生的学习兴趣,引导他们主动思考、勇于探索,从而在数学学习中实现个人潜能的最大化。

(四)教学策略和培养学生创新意识的矛盾

在大学数学的教学实践中,部分教师虽口头倡导培养学生的创新意识和创新能力,却往往缺乏一套完善而具体的教学策略来支撑这一目标的实现。这些教师可能仅停留在理念层面的呼吁,未能将培养学生创造性的目标转化为可操作的教学步骤和实践活动。缺乏统一且切实可行的创新能力培养策略,意味着教师在实施教学时容易陷入盲目性和随意性,难以系统地引导学生开展创新活动。同时,没有真正将创新教育理念付诸实践,也使得这些美好的愿景成为空谈,无法真正惠及学生。因此,为了有效培养大学生的创新意识和创新能力,大学数学教师需要深入反思当前的教学实践,积极探索并构建一套科学、系统的教学策略。这些策略应涵盖教学内容的创新、教学方法的革新、实践活动的丰富等多个方面,以确保学生能够在学习过程中获得充分的创新训练和实践机会。

（五）旧的教学模式与现代化教学工具之间的矛盾

传统教学方式以黑板粉笔为媒介，虽承载了深厚的教学底蕴，但在效率与效果上常显不足，难以充分达成教学任务与目标。相较之下，现代化教学工具，特别是多媒体技术的引入，极大地丰富了教学手段，提高了教学效率，使复杂抽象的数学知识得以直观展现。然而，这种直观展示也可能削弱了学生对知识的自主探索与深入思考，影响了对其探究性的培养。在大学数学的实际教学中，平衡传统与现代教学方法的优势，实现二者的有机融合，是促进学生创新思维与能力培养的关键。教师需巧妙结合黑板板书与多媒体演示，既保留传统教学中的逻辑推理与板书演绎，又借助多媒体的直观性与互动性，激发学生的学习兴趣与探索欲望。同时，设计具有启发性的问题与任务，引导学生在多媒体辅助下主动探究、合作交流，从而在掌握知识的同时，提升创新思维与实践能力。

二、教学目标重构

（一）知识掌握与理解深化

在大学数学教学中，知识掌握是基础，而理解深化则是关键，教学目标应不仅限于让学生记住数学公式、定理和概念，更重要的是要让他们理解这些知识的本质、来源和应用。通过精心设计的教学活动，引导学生深入挖掘数学概念的内涵，理解定理的证明过程，掌握知识的内在逻辑和联系。同时，鼓励学生将所学知识与实际生活、科学研究等领域相结合,加强对数学知识的理解和应用能力。这一过程不仅有助于巩固学生的数学基础,还能培养他们的逻辑思维和问题解决能力。

(二)思维能力培养

数学是一门逻辑性极强的学科,因此,在大学数学教学中,培养学生的思维能力尤为重要。教学目标应明确指向提升学生的逻辑思维能力、批判性思维和创造性思维。通过大量的数学练习和问题解决活动,锻炼学生的逻辑思维,使他们能够严谨地分析问题、推理判断并得出结论。同时,鼓励学生质疑、挑战权威,培养他们的批判性思维,使他们在面对复杂问题时能够独立思考、自主判断。此外,还应注重激发学生的创造性思维,鼓励他们勇于尝试新方法、新思路,培养他们的创新意识和创新能力。

(三)创新能力培育

创新是现代社会发展的核心动力,也是大学数学教育的重要目标之一,在大学数学教学中,应把创新能力培育作为教学的核心任务之一。通过引入数学建模、科研项目等创新实践活动,让学生亲身体验数学在解决实际问题中的魅力,激发他们的创新兴趣和动力。同时,鼓励学生参与学科竞赛、发表学术论文等活动,为他们提供展示自己创新能力的平台。此外,教师还应注重培养学生的团队合作意识和沟通能力,让他们学会在团队中发挥自己的优势,共同解决复杂问题,从而进一步提升他们的创新能力。

(四)情感态度与价值观塑造

数学不仅是一门学科,更是一种文化、一种精神。在大学数学教学中,应注重培养学生的数学情感和态度,塑造他们正确的数学价值观。首先,要激发学生对数学学习的兴趣和热情,让他们感受到数学的魅力和乐趣。通过生动有趣的数学故事、引人入胜的数学问题,吸引学生的注意力,提高他们的学习积极性。其次,要培养学生的数学审美意识,让他们学会欣赏数学的简洁美、对称美、和谐美等美学特征。同时,还要引导学生树立正确的数学观,认识到数学在解决实际问题中的重要性和应用价值,培养他们的科学精神和人文素养。最后,要注重培养学生的自信心和毅力,让他们在面对困难和挑战时能够坚持不懈、勇往直前。这些情感态度和价值观的塑造将对学生的未来发展产生深远的影响。

三、教学内容优化

(一)精选与整合核心知识点

在大学数学的教学内容优化中,精选与整合核心知识点是至关重要的第一步,这一过程要求教师对教学大纲进行深入剖析,明确哪些知识点是学科的基础与核心,哪些则是辅助性内容。通过这一步骤,教师可以剔除那些冗余、过时或与学生未来发展关联不大的知识点,确保教学内容的精练与高效。同时,教师还需关注知识点之间的内在联系,通过合理整合,帮助学生构建完整的知识体系。例如,在微积分教学中,可以将极限、导数、积分等核心概念串联起来,通过实例分析、问题探讨等方式,让学生深刻理解它们之间的逻辑关系和应用价值。此外,教师还可以根据学生的学习情况和兴趣点,灵活调整教学内容的顺序和深度,以满足不同学生的需求。

(二)引入数学史与前沿动态

数学史与前沿动态的引入,是大学数学教学内容优化的重要环节,数学史不仅记录了数学学科的发展历程和重大成就,还蕴含着丰富的思想方法和人文精神。通过引入数学史内容,教师可以让学生了解到数学理论的产生背景、发展过程和影响意义,从而加深对数学知识的理解和感悟。同时,数学史还能激发学生的学习兴趣和好奇心,引导他们主动探索未知领域。前沿动态的引入可以让学生了解到数学学科的最新研究成果和发展趋势,拓宽他们的学术视野和思维空间。教师可以结合自己的研究方向和兴趣点,向学生介绍最新的数学理论、方法和应用案例,激发他们的创新思维和实践能力。此外,教师还可以鼓励学生关注数学领域的学术期刊、会议和网站等资源,以便及时了解数学学科的最新动态和发展趋势。通过引入数学史与前沿动态,教师可以使大学数学教学内容更加生动有趣、富有启发性和前沿性。

(三)设计探索性与开放性问题

在大学数学教学中,设计探索性与开放性问题是激发学生创新思维、培养其解决问题能力的重要手段。这些问题通常没有固定的答案或解法,鼓励学生跳出传统思维模式,从不同角度、不同层次进行深入探索。首先,教师应注重问题的实际背景和情境设计,使学生能够将抽象的数学概念与现实生活相联系,增强学习的趣味性和实用性。例如,在概率论教学中,可以设计"彩票中奖概率分析"的开放性问题,引导学生通过数据收集、模型构建和计算分析,探索彩票中奖的规律和影响因素。同时,探索性与开放性问题还应具备一定的层次性和挑战性,以满足不同学生的需求。教师可以根据学生的知识水平和兴趣点,设计不同难度的问题,让学生在解决问题的过程中逐步深入、逐步提升。此外,教师还应鼓励学生相互讨论、合作交流,共同探索问题的解决方案。这种互动式的学习方式不仅能够促进学生的思维碰撞和灵感激发,还能培养他们的团队协作和沟通能力。在问题的设计过程中,教师还应注重问题的开放性和多样性。开放性意味着问题可以有多种答案或解法,鼓励学生发挥想象力和创造力;多样性则意味着问题可以涉及不同领域、不同方向的知识,拓宽学生的视野和思路。通过设计探索性与开放性问题,教师可以使大学数学教学更加生动有趣、富有挑战性和启发性,从而有效提升学生的数学素养和创新能力。

(四)强化实践与应用环节

实践与应用是大学数学教学中不可或缺的重要环节,通过强化这一环节,学生可以更好地将理论知识与实际应用相结合,提高解决实际问题的能力。首先,教师应注重实践教学的开展,如设置数学实验课程、开展数学建模竞赛等。这些活动不仅能够让学生在实践中加深对数学知识的理解和记忆,还能培养他们的动手能力和创新思维。同时,教师还应积极引导学生参与科研项目和实际应用项目,让他们亲身体验数学在解决实际问题中的重要作用和价值。在应用环节方面,教师应注重将数学知识与现实生活、科学研究等领域相结合。例如,在微积分教学中,可以引入物理学、经济学等领域的实际问题,让学生运用微积分知识进行分析和解决。这种跨学科的融合不仅能够拓宽学生的知识面和视野,还能培养他们的综合运用能力和创新思维。此外,教师还应注重培养学生的数学建模能力,即运用数学知识解决实际问题的能力。通过数学建模训练,学生可以学会如何将实际问题抽象为数学问题、如何构建数学模型并求解以及如何对结果进行解释和应用。这种能力对于学生未来的学术研究和职业发展都具有重要意义。为了强化实践与应用环节的教学效果,教师还应注重教学方法和手段的创新。例如,可以采用案例教学法、项目式教学法等新型教学方法来激发学生的学习兴趣和积极性;同时通过对现代信息技术手段如多媒体、网络等辅助教学资源的开发和利用来丰富教学手段和形式。

四、教学方法革新

(一)传统与现代教学手段的融合

在教学方法的革新中,传统与现代教学手段的融合是一项重要策略。传统教学方法,如板书讲解,具有直观性、互动性强的优势,能够帮助学生深入理解数学概念和原理。因此,在革新教学方法时,不应完全摒弃传统教学手段,而应通过优化和创新,使其焕发新的活力。例如,教师可以结合现代多媒体技术,将板书内容以动画、图表等形式呈现,使抽象概念具体化、形象化,提高学生的学习兴趣和理解效果。同时,现代信息技术的飞速发展也为数学教学提供了丰富多样的手段和工具。在线学习平台、虚拟实验、仿真软件等现代教学工具的应用,不仅能够突破时间和空间的限制,实现教学资源的共享和远程教学,还能够为学生提供更加直观、生动的学习体验。例如,在微积分教学中,教师可以利用仿真软件模拟函数的图像和性质,让学生直观感受导数和积分的概念;在概率论教学中,则可以通过在线实验平台让学生进行随机事件的模拟实验,深入理解概率的概念和性质。传统与现代教学手段的融合,不仅丰富了教学方法和手段,也提高了教学效率和效果。通过合理利用各种教学资源和技术工具,教师可以更好地激发学生的学习兴趣和积极性,帮助他们更好地掌握数学知识和技能。

(二)探究式学习与项目式学习的推广

探究式学习与项目式学习是现代教学方法中的重要组成部分,它们强调学生的主体性和实践性,鼓励学生通过主动探索和实践来建构知识、发展能力。在大学数学教学中,推广探究式学习与项目式学习具有重要意义。探究式学习注重培养学生的问题意识和探究能力。教师可以通过设计具有挑战性和启发性的问题情境,引导学生主动思考、积极探究,从而培养他们的批判性思维和创新精神。例如,在微积分教学中,教师可以设计一些与现实生活紧密相关的问题,如"如何计算汽车行驶过程中的油耗量""如何预测股票价格的走势"等,让学生运用微积分知识进行分析和解决。这些问题不仅具有实际意义,还能够激发学生的学习兴趣和探究欲望。项目式学习则是一种更加具有综合性和实践性的教学方法。它通过让学生参与完整的项目周期,对问题定义、方案设计、实施执行到成果展示等各个环节都进行深入参与和实践,从而培养他们的综合运用能力和团队协作精神。在大学数学教学中,教师可以结合学科特点和教学需求,设计一些具有创新性和挑战性的项目任务,如数学建模竞赛、科研项目等。这些项目任务不仅能够让学生将所学知识应用于实际问题中,还能够让他们在实践中不断挑战自我、超越自我。

(三)互动式与体验式教学的实践

互动式与体验式教学的实践,是提升大学数学教学质量的关键途径,互动式教学强调师生之间的双向交流和学生之间的合作互动,通过讨论、辩论、角色扮演等多种方式,激发学生的参与热情,促进思维的碰撞与融合。在数学课堂上,教师可以设计一系列互动环节,如小组讨论、案例分析、即时反馈等,让学生在交流中深化理解,在互动中拓展思维。同时,利用现代教学技术,如在线论坛、社交媒体等,还可以实现课堂内外的无缝衔接,为学生提供更加便捷、高效的互动平台。体验式教学则注重让学生在实践中亲身体验数学知识的魅力与价值。通过组织数学实验、数学建模竞赛、数学文化节等活动,让学生亲手操作、亲身体验,从而加深对数学知识的理解与感悟。例如,在概率论教学中,可以设计掷骰子、抽卡片等实验活动,让学生在实践中感受随机事件的概率分布;在微积分教学中,则可以引导学生利用计算机软件进行函数图像的绘制与性质分析,让他们在实践中掌握微积分的基本技能。这些体验式教学活动不仅能够激发学生的学习兴趣,还能够培养他们的实践能力和创新精神。互动式与体验式教学的实践,不仅能够提升数学课堂的活跃度和吸引力,还能够促进学生的全面发展。通过互动与体验,学生可以更加深入地理解数学知识的本质与内涵,掌握数学学习的方法与技巧;同时,他们的思维能力、交流能力、团队协作能力等综合素质也会得到显著提升。

(四)个性化与差异化教学策略的实施

在大学数学教学中,实施个性化与差异化教学策略是尊重学生个体差异、促进教育公平的重要举措。每个学生都拥有独特的兴趣、能力和学习风格,因此,教师应根据学生的实际情况,制订个性化的教学计划和方案,以满足他们的不同需求。个性化教学策略的实施要求教师深入了解学生的学习特点和需求。教师可以通过问卷调查、个别访谈、学习数据分析等方式,收集学生的基本信息、学习偏好、能力水平等方面的数据,以便更好地了解他们的学习状况和需求。在此基础上,教师可以针对不同学生的特点,设计差异化的教学内容、方法和评估方式。例如,对于数学基础较好的学生,可以设计更高层次的学习任务和挑战性问题,以激发他们的学习潜力和创造力;对于数学基础较弱的学生,则可以提供更多的辅导和支持,帮助他们逐步建立自信心和学习能力。此外,教师还可以利用现代教学技术,如智能教学系统、个性化学习平台等,为学生提供更加精准、个性化的学习资源和支持。这些技术工具可以根据学生的学习数据和反馈,自动调整教学内容和难度,为学生提供符合其实际水平的学习路径和资源。同时,它们还可以提供实时的学习评估和反馈,帮助学生及时了解自己的学习进度和存在的问题,以便及时调整学习策略和方法。

五、实践活动设计

(一)数学实验与探究课程设计

数学实验与探究课程设计是大学数学教育中不可或缺的一环。通过设计一系列基于数学原理的实验项目,学生可以在实践中深化对数学概念的理解,培养解决实际问题的能力。这些实验项目可以涵盖数学的各个领域,如几何、代数、概率统计等。例如,在几何构造实验中,学生可以利用尺规作图工具,亲手绘制各种几何图形,探索图形的性质与变换规律;在概率统计实验中,学生可以通过模拟随机事件,收集数据并分析其分布特征,理解概率与统计的基本概念和方法。为了提升实验教学的效果,教师应注重实验项目的趣味性和挑战性。通过设计富有创意和启发性的实验任务,激发学生的学习兴趣和探究欲望。同时,教师还应提供详细的实验指导和操作说明,确保学生能够安全、有序地完成实验任务。此外,鼓励学生撰写实验报告,总结实验过程和发现,培养他们的数据分析和科学表达能力。数学实验与探究课程设计不仅有助于学生掌握数学知识和技能,还能够培养他们的创新思维和实践能力。通过参与实验活动,学生可以学会如何将数学知识应用于实际问题中,解决复杂的数学问题。这种能力在未来的学术研究和职业发展中具有重要意义。

（二）数学建模竞赛与项目实践

数学建模竞赛与项目实践是提升学生数学建模能力和解决实际问题能力的重要途径。数学建模是一种将数学理论与方法应用于实际问题解决的过程，它要求学生具备扎实的数学基础、敏锐的洞察力和良好的团队协作能力。为了推广数学建模竞赛与项目实践，学校可以组织参与各类数学建模竞赛，如全国大学生数学建模竞赛、美国大学生数学建模竞赛等。这些竞赛不仅为学生提供了展示自己才华的舞台，还能够让他们与来自全国各地的优秀学子同台竞技，拓宽视野、交流经验。在竞赛过程中，学生需要针对实际问题进行建模、求解和验证，这不仅考验了他们的数学素养和创新能力，还锻炼了他们的团队协作和沟通能力。除了竞赛之外，学校还可以设立校内数学建模项目，结合专业背景和社会需求，引导学生开展实际问题的建模与求解工作。这些项目可以涉及经济、管理、工程等多个领域，让学生在实践中感受数学的魅力和应用价值。通过参与这些项目实践，学生可以学会如何将数学知识与实际问题相结合，运用数学建模方法解决实际问题。这种能力在未来的工作和生活中都具有重要意义。

（三）数学文化节与知识竞赛

数学文化节与知识竞赛是营造良好数学学习氛围、激发学生学习兴趣的重要手段，数学文化节是一个集讲座、展览、竞赛等多种活动于一体的综合性节日，旨在通过多种形式普及数学文化、传播数学知识。在数学文化节期间，学校可以邀请知名数学家、学者来校举办讲座,分享他们的研究成果和学术经验;可以举办数学展览,展示数学的历史发展、重大成果和趣味应用;还可以组织各种数学知识竞赛和趣味活动,如速算比赛、数学解谜等,让学生在轻松愉快的氛围中感受数学的魅力。数学知识竞赛是数学文化节的重要组成部分之一。通过举办各类数学知识竞赛,如数学奥林匹克竞赛、数学应用能力竞赛等,可以激发学生对数学的兴趣和热情,培养他们的数学素养和思维能力。这些竞赛不仅考验了学生的数学基础知识和解题能力,还锻炼了他们的应变能力和心理素质。在竞赛过程中,学生可以相互学习、相互借鉴,共同进步。同时,竞赛结果还可以作为评价学生数学能力的重要参考依据之一。

第二节 大学数学教学与思维创新的课堂实施

一、引入问题导向的教学策略

(一)创设问题情境

在教学过程中,教师扮演着至关重要的角色,他们巧妙地设计了一系列贴近学生生活实际且充满挑战性的问题情境。这些问题情境犹如一把钥匙,轻轻旋开了学生好奇心的大门,引领他们步入一个既熟悉又新奇的数学探索之旅。这些情境往往紧密关联着学生的日常生活经验或专业学习的背景知识,使得数学不再是书本上冰冷的公式和符号,而是变成了触手可及的实用工具。当学生面对这些富有吸引力的问题时,他们的注意力自然而然地被牢牢吸引,探索的火焰在心中悄然点燃。这种由内而外的驱动力,促使他们更加主动地投身于学习之中,不再是被动接受知识的容器,而是成为积极寻求答案的探索者。在这个过程中,学生不仅能够深刻体会到数学与生活的紧密联系,感受到数学的实际应用价值,还能够在解决问题的过程中享受到成功的喜悦和满足感。这种教学策略的实施,无疑为传统的数学课堂注入了一股新鲜的活力。它打破了沉闷的教学氛围,让数学学习变得生动有趣,充满了探索的乐趣和发现的惊喜。在这样的学习氛围中,学生不仅能够更加扎实地掌握数学知识,还能够培养起对数学学科的浓厚兴趣和持久的学习动力。

(二)激发好奇心

好奇心这股源自内心的探索之火,是人类不懈追求知识与真理的永恒动力。在数学教学的广阔舞台上,教师扮演着点燃这簇火焰的关键角色。他们如同魔术师般,巧妙地运用数学中的奇妙现象作为引子,编织出一系列引人入胜的故事与谜题,让学生们在惊叹之余,不由自主地陷入对未知世界的遐想与渴望。那些看似简单却暗藏玄机的数学谜题,如同磁石一般,牢牢吸引着学生的目光与思维。它们不仅仅是数字的堆砌,更是智慧与创意的结晶,挑战着学生们的逻辑推理与问题解决能力。当学生们试图解开这些谜题的层层迷雾时,他们不仅是在与数学对话,更是在与自我潜能进行一场深刻的较量。这份挑战与探索的过程,无疑会极大地激发他们的求知欲与探索欲,让他们在数学的世界里遨游得更加深入与自如。而数学中的悖论,更是以其独特的魅力,让学生们感受到数学的深邃与复杂。它们仿佛是数学海洋中的暗流,时而平静无波,时而汹涌澎湃,引领着学生们去探寻那些看似矛盾实则深刻的数学真理。在这一过程中,学生们不仅能够拓宽视野、深化理解,更能在心灵深处种下对数学的热爱与敬畏之情。

(三)培养批判性思维

批判性思维,作为现代社会的核心素养之一,其重要性不言而喻。在数学教学的殿堂里,这一思维能力的培育显得尤为重要。教师作为知识的引路人,应当巧妙设计教学环节,以数学问题为媒介,激发学生的质疑精神与分析能力。面对数学问题,学生不应是被动接受者,而应化身为主动探索者,勇于对既有答案或解法质疑,敢于挑战权威,寻求更广阔的思维空间。在教学过程中,教师应当鼓励学生如侦探般细致入微地审视每一个数学命题,不仅要看其表面,更要挖掘其背后的逻辑链条与假设条件。通过引导学生对问题进行层层剖析,从多个维度进行考量,学生们能够逐渐学会独立思考,形成自己独特的见解。这种思维模式的培养,不仅能够让他们在数学学习上更加游刃有余,更能在未来的生活中,面对复杂多变的问题时,保持清醒的头脑,做出明智的决策。此外,批判性思维的培养还能激发学生的创新思维,让他们在解决问题的过程中,不拘泥于传统框架,勇于尝试新方法、新思路。这种敢于突破常规的精神,正是推动社会进步的重要力量。因此,数学教学不应仅仅停留在知识的传授上,更应注重学生批判性思维与创新能力的培养,为他们的全面发展奠定坚实的基础。

二、实施探究式学习模式

(一)设定探究任务

在探究式学习的广阔天地里,设定清晰而具体的探究目标犹如航海中的灯塔,为学习之旅指明了方向。这些目标,如同精心雕琢的阶梯,既需攀登者付出努力以应对其挑战性,又以其独特的魅力激发着每一位探索者的无限兴趣。教师,作为这场探索之旅的领航者,清晰地向学生阐述探究的深远目的、即将触及的知识宝藏以及预期达成的辉煌成果,为学生绘制了一幅幅引人入胜的蓝图。学生在目标的召唤下,化身为主动的学习者,他们细致地分析着任务的每一个细节,如同侦探般搜集着与探究主题相关的蛛丝马迹。在这个过程中,学生们不仅学会了如何高效地筛选信息、整合资料,更在脑海中悄然种下了假设的种子,这些种子在好奇心的滋养下逐渐生根发芽,指引着他们设计出一个个充满创意与个性的探究计划。这一系列的准备与规划,不仅是对学生自主学习能力的深度锤炼,更是对他们问题解决能力和创新思维的一次全面激发。学生们在探究的征途中,不断挑战自我,超越极限,用智慧和汗水书写着属于自己的探索篇章。

(二)鼓励合作交流

在探究式学习的浩瀚征途中,合作交流犹如一股温暖的风,吹散了孤独的阴霾,让学习之路更加宽广而明亮。教师作为智慧的引路人,精心策划小组讨论与合作研究活动,为学生搭建起一座座桥梁,让思想的火花得以自由碰撞,见解的溪流得以汇聚成海。在小组这片充满活力的土壤中,每位学生都是独一无二的种子,他们带着各自的智慧与经验,相互滋养,共同生长。在热烈的讨论中,学生们不仅学会了倾听他人的声音,更勇于表达自己的观点,形成了一种相互启发、相互补充的良性循环。这种交流不仅让问题的解决变得更加高效与深入,更让数学的奥秘在思维的交织中逐渐显露真容。而在这个过程中,学生们收获的远不止于数学知识的累积。他们学会了如何在团队中发挥自己的长处,如何与他人协作以达成共同的目标。这些宝贵的团队协作能力和社交技巧,将成为他们未来人生道路上不可或缺的财富。合作交流,让学习不再孤单,让成长更加多彩。

(三)强化实践应用

探究式学习的精髓在于将抽象的理论知识转化为解决实际问题的钥匙。在这一理念的指引下,教学实践中的实践应用环节显得尤为重要。教师匠心独运,设计出一系列生动有趣、贴近生活的实验操作与案例分析,为学生搭建起一座从理论到实践的桥梁。在这些实践活动中,学生们仿佛置身于真实的数学战场,面对的是一个个亟待解决的现实问题。他们不再只是书本上的旁观者,而是成为解决问题的主动参与者。通过亲手操作实验、深入分析案例,学生们将所学数学知识与现实生活或专业领域的具体情境紧密相连,实现了知识的活学活用。这一过程,不仅是对学生理论知识的一次深刻巩固与升华,更是对他们实践能力与创新精神的全面锤炼。学生们在解决问题的过程中,学会了如何灵活运用数学知识进行逻辑推理与判断,如何在复杂多变的环境中寻找最优解。这些宝贵的经验与能力,将为他们未来的学习与工作奠定坚实的基础,让他们在数学的广阔天地中自由翱翔,不断创造新的辉煌。

三、融合信息技术与创新工具

(一)利用多媒体教学

数字化浪潮席卷之下,多媒体教学以其独特的魅力,正逐步重塑着教育领域的面貌。它如同一位技艺高超的画师,以图像为笔,动画为墨,将原本抽象晦涩的数学概念,转化为一幅幅色彩斑斓、生动形象的画卷。学生们在这样的视觉盛宴中徜徉,仿佛置身于一个充满奇幻与奥秘的数学世界,那些曾令人望而生畏的公式与定理,如今变得亲切可触,易于理解。多媒体教学的引入,不仅极大地提升了课堂的吸引力,让学生们的注意力在知识的海洋中自由翱翔,更激发了他们内心深处对学习的热爱与渴望。那些原本枯燥乏味的数学课程,因多媒体的点缀而变得生动有趣,学生们在欢笑与探索中收获了知识的果实。此外,多媒体教学的广泛应用还极大地丰富了课堂内容,使得教学信息的传递更加高效、全面,为学生们提供了一个更加广阔、多元的学习舞台。

(二)引入在线资源

网络技术的日新月异,为学习领域铺设了一条无垠的信息高速路,网络平台与开放教育资源,如同浩瀚的知识海洋,为莘莘学子敞开了探索数学奥秘的大门。学生们可借此东风,自主航行于知识的浪尖,不仅限于课本的局限,而是深入探索那些隐藏在数字背后的故事与逻辑。教学视频与讲座,如同智慧导师的在线课堂,深入浅出地剖析数学难题,让学习变得直观且易于吸收。案例分析则如同实战演练,让学生在模拟中积累经验,深化对数学理论的理解与应用。如此,学习的边界被无限拓展,知识的获取更加自由与高效,让每一位学生都能在数学的星辰大海中,找到属于自己的航道。

(三)应用创新工具

数学软件与在线编程平台,作为数字化时代的创新利器,正悄然改变着学生的学习方式与创新能力。它们不仅是高效完成数学计算、精准绘制复杂图形的得力助手,更是启迪学生编程思维、锤炼问题解决能力的秘密武器。在这些工具的辅助下,抽象的数学原理与方法得以具象化呈现,使学生能够穿越理论的迷雾,直达知识的核心。更重要的是,它们激发了学生内心深处对未知世界的好奇与向往,促使他们在数学的广阔天地中勇敢探索,不断创新。无论是解决实际问题的实践挑战,还是激发创意的数学游戏设计,这些工具都为学生搭建了一个自由翱翔的创意舞台,让数学学习之旅充满了无限可能。

四、培养跨学科思维能力

(一)整合课程内容

大学数学教育的深远意义,在于其跨越学科界限的启迪力量,通过精心设计的跨学科整合教学,数学知识不再孤立存在,而是与物理的奥秘、经济的脉动紧密相连,共同编织成一幅幅知识交融的绚丽图景。这种教学模式鼓励学生跳出传统框架,以更加开阔的视野审视数学的本质与应用。在物理的浩瀚星空中,微积分不仅是计算工具,更是探索宇宙规律的钥匙;而在经济的微观世界里,数学模型则化身为洞察市场动态的慧眼。如此,学生在解决复杂问题时,能够自如穿梭于不同学科之间,运用数学语言解读万物之理,从而培养出一种深刻而全面的认知能力与创新能力。

(二)鼓励跨学科项目

跨学科合作项目的实施,犹如搭建起一座座知识交流的桥梁,让学生在实践中亲身体验不同领域的智慧碰撞。这些项目以具体问题或挑战为引,汇聚了来自五湖四海、专业迥异的学生精英。他们并肩作战,面对难题不退缩,反而以更加饱满的热情投入到合作之中。在这个过程中,每位学生都是独特的贡献者,他们带着各自领域的专业视角与技能,相互学习,相互启发。跨学科的交流不仅拓宽了他们的知识边界,更激发了无限的创意火花。而团队合作的力量,则让这些创意得以汇聚成河,共同推动问题的解决。如此,学生不仅收获了知识与技能,更在无形中锤炼了团队合作精神与沟通能力,为未来的全面发展奠定了坚实的基础。

(三)拓宽知识边界

引导学生眺望科技之巅,心系社会脉动,是教育赋予的时代使命。教师应成为那盏明灯,照亮学生探索未知世界的道路。在浩瀚的科技海洋中,人工智能的崛起、大数据的浪潮、气候变化的挑战,无一不闪耀着数学原理的光芒。鼓励学生紧跟时代步伐,深入剖析这些前沿议题背后的数学逻辑,不仅能够拓宽他们的知识版图,更能激发其创新思维与解决复杂问题的能力。通过阅读权威文献、参与线上研讨,学生们跨越时空限制,与全球智者共话未来,思想的火花在交流中璀璨绽放。这样的过程,不仅丰富了他们的学术涵养,更在潜移默化中培养了他们的全球视野与社会责任感,激励着他们成为勇于担当、敢于创新的未来领袖。

五、实施个性化教学方案

(一)了解学生差异

在实施个性化教学策略的蓝图上,深入理解学生的独特性犹如绘制基础轮廓,至关重要。这要求教育者不仅需借助精细设计的问卷调查,如同一扇窗,让学生自由表达其学习习惯的细腻纹理、兴趣偏好的斑斓色彩、基础水平的坚实根基及面对挑战时的坚韧态度。更进一步,依托先进的学习数据分析工具,教师如同手握精准罗盘,能够深潜至学生学习旅程的每一刻:课堂上的思维跃动、作业中的点滴进步、测试成绩背后的努力与困惑,皆被一一捕捉,形成一幅幅生动的学习画像。如此,教师得以拥有全方位、多维度的学生视角,为每位学生量身定制最适合他们的教学路径,让教育之光精准照耀每一颗渴望成长的心灵。

（二）设计个性化任务

在个性化教学的精细织锦中,学习任务的设计无疑是其中最耀眼的丝线,教师如同巧手匠人,根据学生差异的深刻理解,精心编织出既符合个体需求又激发潜能的任务图谱。对于基础尚需稳固的学生,任务设计偏向于温故知新,通过一系列精心编排的基础练习,帮助他们筑牢知识基石,逐步建立自信;而对于那些学有余力、渴望探索的学生,则提供更具挑战性和开放性的题目,犹如为他们铺设了一条通往未知世界的探险之路,鼓励他们在思考与实践中勇攀高峰。这样的差异化设计,不仅确保了每位学生都能在适合自己的节奏中稳步前行,更在无形中激发了他们的学习热情与内在动力,让整个班级在和谐共进的氛围中绽放出更加绚烂的光彩。

（三）提供个性化支持

个性化教学方案的实施,如同为学生量身定制的成长导航,其中个性化学习支持与资源推荐则是不可或缺的航标。教师,作为这一旅程中的引路人,需细致洞察每位学生的独特需求,提供精准的学习指导。当学生遭遇学习瓶颈时,教师能迅速定位问题所在,以耐心和智慧为钥,解锁困惑之门,引领学生走出迷茫。同时,教师更像是一位博学多才的图书管理员,根据学生的兴趣灯塔,精心挑选并推荐各类学习资源:从启迪智慧的书籍到拓宽视野的网站,从生动有趣的视频到深度解析的论文,无一不旨在激发学生的自主学习热情,培养他们成为信息海洋中的航行者。这样的个性化支持,不仅为学生的全面发展铺设了坚实的基石,更在他们心中种下了自我探索与终身学习的种子。

六、建立反思与评估机制

(一)鼓励学生自我反思

在学习的征途中,自我反思犹如一盏明灯,照亮学生内心的成长轨迹。教师作为引导者,应悉心培育学生自我审视的习惯,使之成为其学习旅程中不可或缺的伴侣。通过设立反思日志这一心灵花园,学生得以定期耕耘,记录下学习路上的点点滴滴:从初尝成功的喜悦,到面对挑战的坚韧;从方法的灵光一闪,到策略的调整优化。而小组讨论则如同智慧碰撞的盛宴,学生们围坐一圈,分享各自的学习心得,聆听不同的声音,从而在思想的交锋中拓宽视野,深化理解。这样的自我反思机制,不仅让学生学会了从实践中汲取养分,更促使他们成长为能够独立思考、自主决策的学习者,为未来的学习之路铺设了坚实的基石。

(二)实施多元化评估

在追求教育评价全面性与准确性的征途中,多元化评估方式如同多面棱镜,折射出学生成长的璀璨光芒。它不仅超越了传统作业与测试的单一维度,更以项目评估为舟,搭载学生驶向知识应用的广阔海洋,考验其将理论化为实践的创新能力与问题解决策略。口头报告则是学生风采的展现舞台,他们在这里自信表达,逻辑严密,不仅锻炼了口语表达,更在听众的反馈中收获成长。而同伴评价,则如同友谊的小船,在相互审视与鼓励中航行,既促进了交流与合作,又悄然间培养了团队精神与相互尊重的价值观。这一系列的评估手段交织成网,全方位捕捉学生的学习动态与成长轨迹,为教育决策提供坚实的数据基石,引领教学向着更加个性化、高效化的方向迈进。

(三)反馈与调整

评估作为教学之镜,其深远意义远不止于对学生学习成效的单纯评判,更在于其反馈之光,照亮后续教学的优化之路。教师,作为这一循环中的智慧导航者,需以敏锐之眼捕捉评估结果中的每一个细微之处,及时向学生传递正面肯定与建设性建议。这不仅是对学生努力的认可,更是对其未来学习方向的精准指引。同时,教师亦需怀抱开放心态,勇于根据评估反馈调整教学策略,如同园丁依据季节变换调整种植之法,确保每位学生都能在最适合的土壤中茁壮成长。这一动态循环,要求教师不仅要有深厚的专业素养,更需具备敏锐的洞察与灵活的应变,以持续的创新与调整,不断优化教学生态,为学生营造更加高效、愉悦的学习体验,让知识的种子在他们心中生根发芽,绽放出最灿烂的花朵。

参考文献

[1]郑圣发,陈登连. 情理数学视域下的高阶思维培养教学探究
　　[J]. 教育学术月刊,2024,(03):80-86.

[2]张清叶. 数学逻辑思维创新课程思政教学设计的探索与实践
　　[J]. 产业与科技论坛,2024,23(05):211-213.

[3]杨四香. 新时期高职数学教学中学生创新思维能力的培养研
　　究[J]. 现代职业教育,2024,(02):177-180.

[4]张清叶. 基于融合式教学的数学逻辑思维创新一流课程建设
　　[J]. 内江科技,2023,44(12):118-120.

[5]姚晶明. 创新创业教育环境下的高等数学教学策略研究[J].
　　产业与科技论坛,2023,22(19):124-125.

[6]章谨羽. 基于创造性思维培养的数学教学模式创新探索——
　　评《数学教学与模式创新》[J]. 科技管理研究,2023,43
　　(17):264.

[7]赵一博,李烨,潘建勋. 大学数学课程思政教学体系的建
　　设——基于"文化、思维、创新"三元融合理念[J]. 大学教育,
　　2023,(06):105-108+141.

[8]张晓梅. 高等院校数学课堂教学与创新创业教育的融合协同
　　[J]. 现代职业教育,2022,(35):132-134.

[9] 祁永强. 高等数学教学中创新思维培养——评《数学桥：对高等数学的一次观赏之旅》[J]. 中国高校科技, 2022, (08)：104..

[10] 张鹏. 高等数学教学如何培养学生创新思维能力 [J]. 中国教育技术装备, 2022, (05)：120-122.

[11] 丁连根. 数学思维品质的递进式培养路径探究 [J]. 教育理论与实践, 2022, 42 (20)：62-64.

[12] 刘洪亮, 石莹. 高质量数学课堂教学创新模式探究——"思维导学"在平面解析几何中的教学实践 [J]. 华夏教师, 2022, (10)：72-74.

[13] 詹佳, 金堃. 激发自主学习兴趣开发创新思维能力 [J]. 科学咨询（教育科研）, 2022, (01)：82-84.

[14] 魏国宝. 建立学生逻辑思维，有效创新数学课堂 [J]. 亚太教育, 2022, (01)：142-144.

[15] 屈泳. "新工科"背景下工程数学课程教学模式的改革与实践 [J]. 中国轻工教育, 2021, 24 (06)：1-6.

[16] 杨丽娅. 数学文化融入高等数学教学中的研究 [J]. 科技视界, 2021, (26)：28-29.

[17] 马明环. 高等数学教学中创新思维的培养——评《化工数学》[J]. 塑料工业, 2021, 49 (05)：169.

[18] 吴忠安. 高职数学创新教学模式探索研究 [J]. 中国多媒体与网络教学学报（中旬刊）, 2021, (05)：50-52.

[19] 侯凤. 浅谈数学思维与学生创新能力的培养 [J]. 河北农机, 2021, (05)：103-104.

[20]赵勇. 探索性数学教学实验培养学生创新素质的研究与实践
[J]. 实验室研究与探索，2021，40（04）：226-230+240. .

[21]张俊忠. 数学开放题的起源、价值与运用 [J]. 教学与管理，
2020，（31）：43-45.

[22]李秀云. 在数学教学中培养学生的创新思维 [J]. 现代农村
科技，2020，（06）：65.

[23]黄小龙. 日常思维与应用教学：软件创新中数学能力的培养
[J]. 教育教学论坛，2020，（22）：90-92.

[24]徐辉歌. 基于创新能力培养的高等数学教学模式分析 [J].
农家参谋，2020，（12）：213-214.

[25]刁瑞. 师范类院校高等数学教学改革路径探索与研究 [J].
知识经济，2020，（15）：80+82. .

[26]杨红梅,张红玉. 高等数学中的问题教学与思维能力培养途
径分析 [J]. 教育教学论坛，2020，（16）：331-332.

[27]马海玉. 数学教学中如何加强学生创新思维培养探究 [J].
湖北农机化，2020，（03）：110.

[28]赵青波. 浅谈在高等数学教学中学生创新能力的培养 [J].
中阿科技论坛(中英阿文)，2020，（02）：153-154.

[29]李亚兰. 试论高职数学课程对大学生创新能力的培养 [J].
科技创新导报，2020，17（02）：201-202.

[30]钟胜辉. 在数学教学中如何培养中学生的创新思维 [J]. 华
夏教师，2020，（01）：66-67.